ZHEJIANG UNIVERSITY PRESS
浙江大学出版社

图书在版编目（CIP）数据

主题产品设计 ：设计思维方法应用与实践 / 李杨青著. — 杭州 ：浙江大学出版社，2021.5（2023.1重印）

ISBN 978-7-308-21243-4

Ⅰ. ①主… Ⅱ. ①李… Ⅲ. ①工业设计—产品设计—研究 Ⅳ. ①TB472

中国版本图书馆CIP数据核字（2021）第059049号

主题产品设计——设计思维方法应用与实践

李杨青 著

责任编辑 吴昌雷

责任校对 王 波

封面设计 周 灵 苏 焕

出版发行 浙江大学出版社

（杭州市天目山路148号 邮政编码310007）

（网址：http：//www.zjupress.com）

排 版 杭州朝曦图文设计有限公司

印 刷 广东虎彩云印刷有限公司绍兴分公司

开 本 710mm×1000mm 1/16

印 张 12.75

字 数 216千

版 印 次 2021年5月第1版 2023年1月第2次印刷

书 号 ISBN 978-7-308-21243-4

定 价 39.00元

序

PREFACE

设计是动手。人类的手充满着智慧，挖掘了各种各样的天然与人造的材料，创造了各种各样为人类所用的物品，或方便或丰富了人类的工作与生活。

设计是改良。人类不断地开动脑筋，在原有物品的基础上提出问题，进行有效的改造，让物品更符合人类的实用与精神的需求。

设计是创新。人类在不同的历史阶段，发明出更新更好的新材料，同时也会提出更新的生活方式，因此，可以说不断地创新是设计的灵魂。

设计是社会学。没有社会经验——生活经验就谈不上设计。当今大量的初中、高中生甚至大学生都缺乏动手能力，他们远离社会，几乎没有一点社会经验，更不知创新究竟是怎么回事儿。因此，分享创新是多么重要。

设计又可以分为复杂的大产品与简单的小产品，复杂的大产品往往需要设计师团队的合作，越大越复杂的产品就需要更多的专业人才与设计师来合作，简单的小产品可以由设计师个人来把握，并且小产品也一样蕴含着大道理。所以，本书作者从专业角度以自身体验，准确解剖了小产品的多重性，让设计专业学生（即便是普通人）能轻松理解，更快地进入专业范畴，把握设计的正确思维方法。

产品设计是设计学类中最典型最重要的，因为今天的产品大多数是通过工业化手段——批量生产的，尽管我们已经进入数字化时代，但生产方式仍然离不开工业化，所以，学习了产品设计你才了解工业化，你才有可能把创意变为商品。创意是深度体验的结果。

好吧，我已经说的很多了。本书作者会给你提供多种多样的创新与设计体验，给你带来指引与启发。

中国美术学院
上海美术学院
赵阳教授
2021年1月

前言

FOREWORD

产品设计是怎么一回事呢？想必这个问题的答案一定与“生活”息息相关。诚然，设计活动本就离不开生活，只有融入真实生活体验的产品设计才能真正引起人们的共鸣。比如在户外没办法搬大椅子时，拿出一把折叠小马扎，打开、坐下、聊天，方寸之间立感便利；当还没长牙齿的婴童进餐时，不能使用较硬（金属或瓷质）的餐勺喂饭，选择色彩活泼的卡通软勺，则更恰当。诸如此类看似并不起眼的生活场景，往往更要注意！若能通过设计巧妙“处理”，肯定会带给用户更舒适的体验。产品设计背后应传达出暖暖的人文关怀，合适的场合取用合宜的用品，物尽其用。

生活也许本来就不完美，正因如此，我们才会更努力地追求美好生活。本书正是带着发现问题的目的，主动“迎难而上”，勇敢面对生活中的诸多缺憾，将它们逐一找寻出来，探讨如何通过设计解决这些问题。越是身边经常出现的小毛病，越不应该放过它们，而应该多花点时间，动脑筋想对策，让问题从此“迎刃而解”。

本书依照产品设计的具体过程，分步骤阐述，用四章循序渐进演绎如何作设计。通过具体案例讲解如何从观察事物到发现问题，再到思考提出解决方案，直至形成比较完整的设计作品，以及最终实现产品物化，申请并授权相应专利的全过程。根据设计主题制订设计计划，运用独特的设计思维方法，将专业技能结合到设计实践操作中，让更多的设计爱好者知道设计是怎么回事。

值得一提的是，本书的创作灵感正是来源于平时不断开展的产品设计专业教学研究以及产品创新设计的实践工作。在本书的撰写过程中，得到了所属单位杭州职业技术学院的大力支持，由衷感谢工业设计专业的师生团队在本书撰写过程中的帮助！同样也非常感谢校企合作单位杭州维丽杰旅行用品有限公司，能够为本书中涉及的设计案例提供宝贵设计素材，以及在设计研发的产品制作和专利申请等环节默默付出的专业团队！除此以外，更应当记得，在本人求学生涯中，给予过重要专业指导的恩师们，其中包括母校中国美术学院的诸位导师、德国柏林艺术大学的Egon教授等多位导师，还有设计实践过程中遇到诸如金蜀老师等跨界高手。可以说，若没有前辈们的谆谆教导，我也不会一直从事工业设计专业的工作，更没有能力写这本书。

谨以此书献给设计圈的朋友们，以及热爱生活的读者们。希望当你抽空捧起书本，阅读它的时候，能暂时告别无尽的琐事，进入这场与“设计”有关的沙龙，享受这一刻的相遇与共鸣！

杭州职业技术学院
李杨青
2021年3月

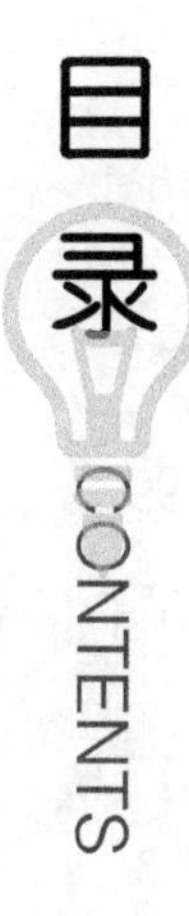
目
录
CONTENTS

第1章 CHAPTER 1

日用产品观察品评篇

我们在开始主题设计之前，首先要学会对相关产品进行观察品评。通过对产品具体分析，我们可以得到许多有价值的产品信息，这将为之后的设计提供重要的参考和帮助。学会如何“站在巨人的肩膀上”，可以让设计者作设计时，避免脱离实际，少走弯路，甚至能博采众长，举一反三。

1.1 儿童玩具的趣味细节

玩具游戏不仅能教育孩子，
还可以引导家长学会如何与孩子相处，
陪伴孩子一起成长……

玩具作为一种可用来游戏的物品,往往会在玩耍的行为活动中被赋予一种寓教于乐的意义。儿童玩具更是如此,它是在人们启蒙教育阶段,打开“智慧天窗”的工具,让人变得机智聪明。

儿童玩具本身可分为两类:一类为自然物,即沙、石、泥、树枝等非人工的产物;另一类则是通过人的设计并被流水线生产出来的产品。随着我国经济的不断发展,人们生活水平不断提高,市场上的儿童玩具花样越变越多,家长们也早早地为孩子准备好了各个阶段的玩具,一般情况下也不需要再去拿自然界的物体作为玩具了。

儿童玩具作为产品进行设计,其本身所需营造的益智性和趣味性将成为产品设计的重要因素。家长给孩子买玩具的心态往往是希望通过玩具开发孩子的智力,起到寓教于乐的作用;而孩子选择玩哪个玩具则是根据玩具本身是否能引起兴趣,或通过玩具让孩子产生某种情感共鸣而定。所以,同一个玩具,家长和孩子不一定都喜欢,两者的喜好很多时候会有些不同。

通过观察身边“成功”的玩具设计案例,不难发现它们有的虽然造型并不复杂,功能也简单纯粹,但却做到了益智性与趣味性的统一,所以让家长和孩子都愿意接受。

有一款名为“小企鹅破冰”的玩具就达到了这个效果！这个玩具不论是日本的老奶奶,还是中国的大人小孩都在玩,几乎风靡世界,被人们广泛接受。接下来我们一起来解析这个玩具的使用方法,研究其独特的设计细节。

玩法主要包括三个步骤:首先,将蓝色或白色“冰块”布满底板,并将小企鹅放置在正中间的位置。接着,通过拨动玩具转盘(如图1-1所示),可转出相应的结果,即何种颜色或数目的“冰块”,幸运的话可跳过休息一次。

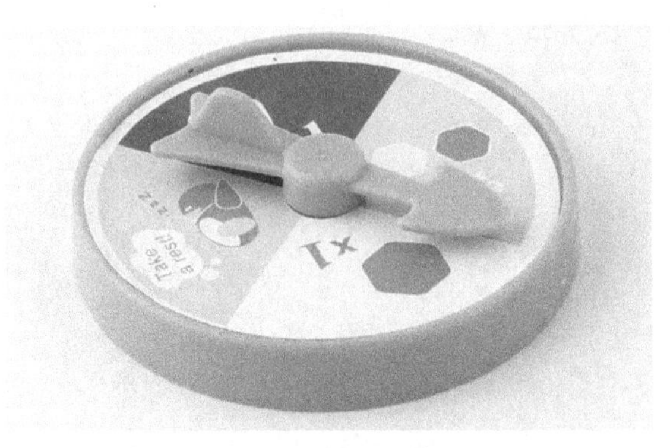

图 1-1　玩具转盘

两位或多位玩家根据自己转的结果轮流用小锤子敲下对应颜色和数量的“冰块”(如图 1-2 所示)。不断转不断敲,最后轮到谁把小企鹅从冰面上掉落就算输了,游戏结束。

图 1-2　玩具敲冰场景

相信玩过这个玩具的读者也会真心佩服它传达的理念高度——游戏是要玩家“救救企鹅”,可以理解为从小培养孩子一种环境保护的意识,真是小游戏蕴含着大意义。抛开环保的理念不说,它本身也培养了孩子们多方面的能力,主要包括逻辑能力、专注力、交流沟通能力、行动执行力等。这款游戏不仅教育孩子,还引导家长学会如何与孩子相处,陪伴孩子一起成长,在轻松的游戏氛围中实现寓教于乐的目的。

接下来我们再从设计的“形”“色”“材”“用”四个方面,继续分析“小企鹅破冰”玩具案例“成功”背后的具体原因。

从“形”的角度来看，“小企鹅破冰”的玩具造型为卡通风格，本身造型简约，除了卡通小企鹅之外，其余所有道具都是通过几何化的抽象手法进行表达。台面和支架没有任何多余的装饰，其上放置的“冰块”为六面体（如图1-3所示），可互相拼接组合（类似蜂巢结构），既稳固又具有秩序美，有助于孩子对造型的启蒙认知。敲冰块的小锤两端一大一小，分工明确，满足不同情况下的击打诉求。

图1-3 六面体组合模式

从“色”的角度来看，“小企鹅破冰”的玩具根据儿童色觉的生理特性选择配色，其色相明确，色彩饱和度高，蓝色和白色的搭配营造出宁静的感觉，玩具塑料表面彩色无须通过上漆等工艺着色，既环保又节约成本。这样的色彩易于辨识，可以使孩子们安静下来，将注意力保持在游戏本身。

从“材”的角度来看，“小企鹅破冰”的玩具材质为塑料。材料本身的重量较轻，中空的结构也能保证强度。而塑料材质的温度较为稳定，不会受到气温变化而产生较大的温差，且材质没有异味，带给孩子亲切舒适的触感。造型配合选材不会出现锋利边角，避免了许多安全隐患。

通过前面所述的三方面的综合影响，第四方面“用”得以更好地发挥（如图1-4所示），使这款玩具具有很高的可操作性。在进行游戏的过程中，家长带着孩子一同将蓝色和白色的“冰块”拼装到空缺的台面内，看似简单的搭建过程，实则需要引导孩子耐心地挑选出蓝色或白色的“冰块”并有序排列，这体现了游戏所营造的辨色能力的训练及对色彩搭配的美学素养培训方面的“功用”。接着引导孩子布局蓝色和白色“冰块”的区域分配，则为后续转转盘、打掉“冰块”作铺垫。因为只有专门考虑过不同颜色“冰块”的布局，才能避免砸掉“冰块”后小企鹅过早掉落，从而延续游戏保证其逐渐“惊险"且充满挑战。这体现了游戏所营造的逻辑思维分析的训练与培养方面的"功用"。然后通过区分使用小锤的大小两头，并在敲击时合理把握力度和角度位置，真正让孩子动手实践，体现出游戏所培养的手脑协调训练的"功用"。

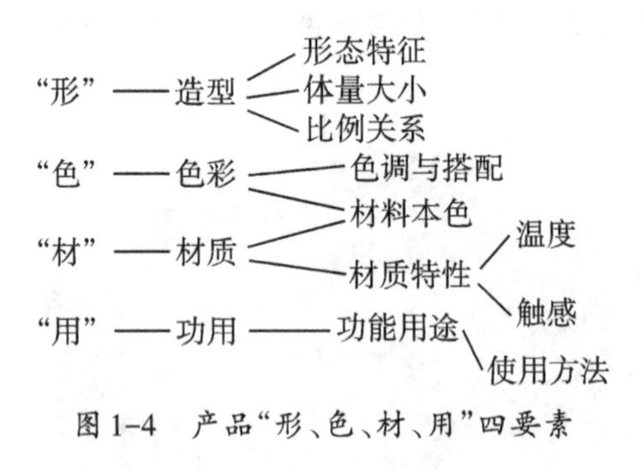

图1-4 产品"形、色、材、用"四要素

儿童玩具设计作为产品设计中特殊的一个类别，不仅要求体现产品本身的功能性和美学性，更应当将游戏所包括的益智和趣味两方面进行重点考虑，避免玩具本身脱离实际。希望我们能发现儿童玩具中更多有趣的创意，设计出更多令家长和孩子双方都接受的好玩具。

思考与实践：

1.在你的儿时记忆中印象深刻的玩具有哪些？是否还记得那个玩具是怎么玩的？抑或其游戏规则是什么？

2.尝试分析并评价吸引你的玩具在产品设计上有哪些成功之处。

3.市面上有哪些玩具存在瑕疵？是否可通过改良，让更多人接受？

1.2 运动水壶的便捷之处

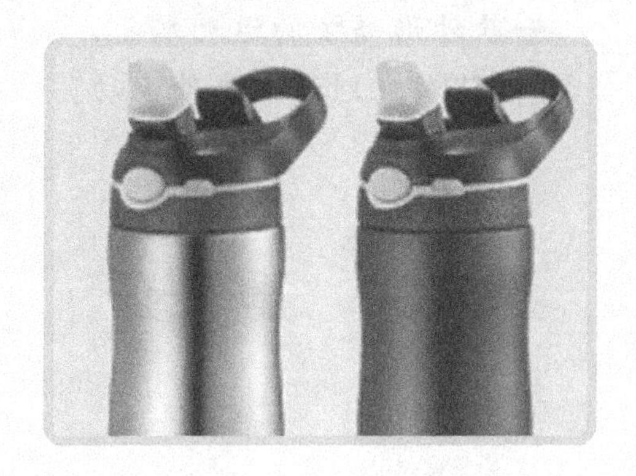

不难想象，
一款外形酷炫的运动水壶，
可以让人立刻爱上户外运动！

户外运动用品是一类用以解决人们外出活动需求的产品，这与室内居家时较为安逸环境下使用的产品有所不同，它不仅要满足产品在较为稳定的场景的功能，而且更应适应外界不断变化的动态影响。基于这些因素，就不得不考虑产品本身的质量情况，以及产品受到温度、速度、光线等外界因素的综合影响，是否还能满足人们复杂的使用需求及心理需求。成功的户外运动用品必须具备产品本身功能的价值，以及传递美妙的用户体验(精神享受)。

在最近几年里，人们越来越热爱户外运动了。不论是单车骑行还是登山徒步，甚至是迷你马拉松跑步，专业的装备都必不可少。即便简配，也会配备一个能及时补水的容器。它不仅应满足补充水分那么简单，更应具有酷炫外表、保温等诸多诉求。

设计的作用是通过恰当的功能，让体验更准确到位。有一款名为吸管保温杯的运动水壶(如图1-5所示)，就设计得很新颖，比如它的可开合的吸嘴结构，光看造型就很特别。

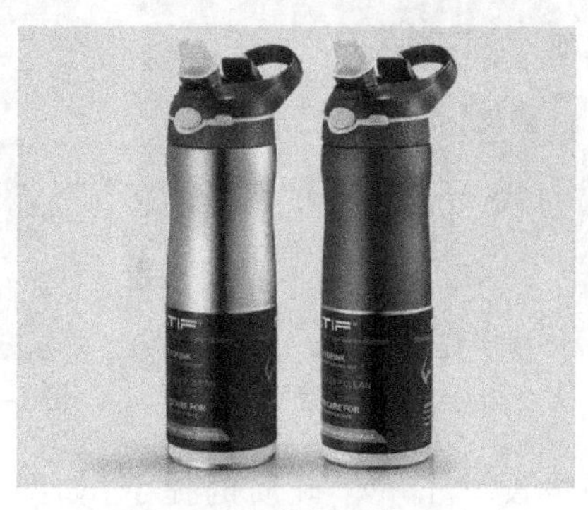

图1-5　吸管保温杯水壶

这款保温运动水壶与市面上其他同类产品感觉很不一样！市面上还没有哪款水壶可以做到像它这样通过按、滑、合、提（如图1-6所示）等简单到只需动动手指就能完成的动作，就将个性化饮水、兼顾卫生以及美观等诸多方面诉求一一满足。我们从观察局部细节入手，分别对这些功能结构进行逐一分析。

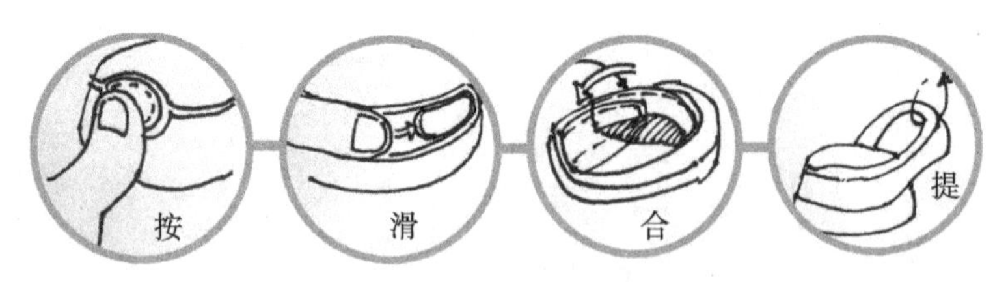

图1-6 按、滑、合、提等单手操作的动作

在水壶的瓶盖上我们可以明显看到一个开盖的按钮，在其右侧还有一个锁扣按钮（如图1-7所示）。这个开盖按钮，体量较大，在视觉上处于非常明显的位置，将其按下、上端的吸嘴结构（如图1-8所示）就会随之弹起，这样无论在骑车还是跑步时，都可以单手操作，顺利地饮用到瓶内的水了。为了防止开盖按钮无意中被按到的情况，滑动右侧锁扣按钮可作保险扣锁定主按钮的状态。这个吸嘴是鸭嘴造型的，通过它无论人们在何种状态下饮水，甚至1岁大的小孩儿都能轻松吸到水，在便捷饮水的同时也达到了节约资源的效果。吸嘴的后部是一个防尘罩，当喝完水后可将吸嘴向后倒下并用防尘罩盖住合上，将整个结构重新隐藏到瓶盖内部，避免开放的状态下有灰尘等杂质掉入，更加卫生。

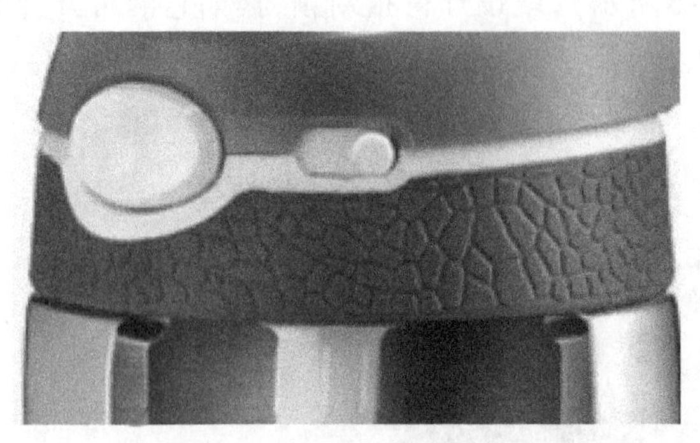

图1-7 开盖及锁扣的按钮

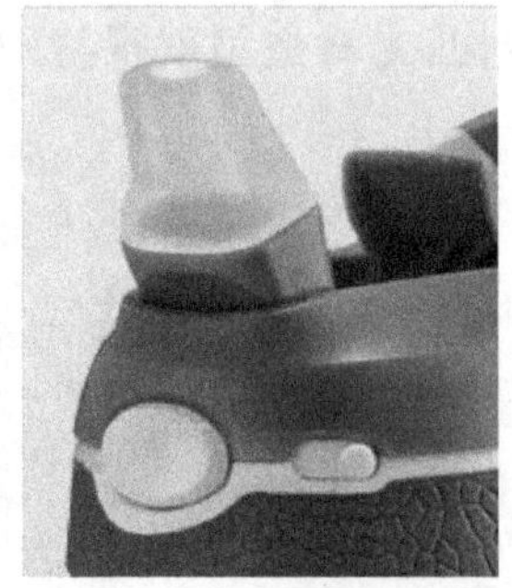

图1-8 吸嘴和防尘罩

在瓶盖结构上顺势设计了一个硬质的提手（如图1-9所示），这个提手

不仅使得整体造型更为简洁流畅，而且大弧面的提手可以轻松地让手指穿过将水壶拎起来，达到了形式追随功能的统一。在瓶体内部有一根螺纹结构可拆卸的吸管（如图1-10所示），有了固定用的螺纹结构可以拧紧吸管防止掉落，同时又方便取下来清洗干净，增加了使用时的灵活性，万一吸管坏了还能专门更换局部配件，节约维护成本。水壶整体设计造型时尚，配上真空保温的不锈钢材料，保证了其优良品质。而瓶身上端微微变化的流线型曲线，既有运动美感（符合人机工学的造型），又有舒服的握手感。

图1-9　提手结构

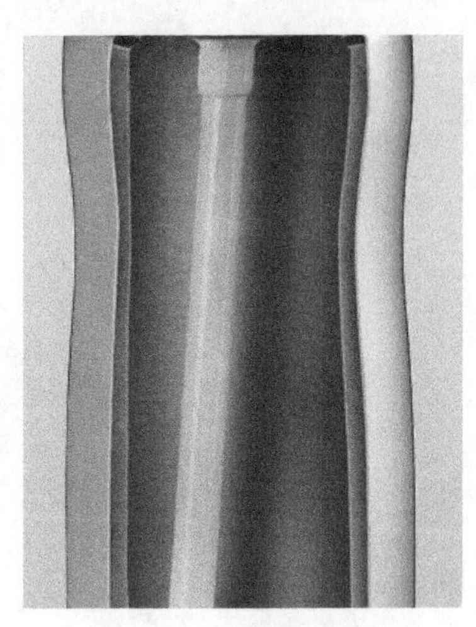

图1-10　可拆卸吸管和流线型瓶体

这款运动水壶售价在百元左右，从同类产品的比较来看，价位处于中高端水平，它的品质也完全配得上这个价格。

户外运动用品设计是目前非常有市场前景的一类产品设计，不仅可以通过精心设计快速改善产品使用效果，而且还能刺激消费，帮助人们逐渐转变生活观念和生活模式。不难想象，当人们在使用一款外形酷炫的运动水壶时，一定会更加热爱运动了。但不管外观怎样吸引人，设计师始终应当兼顾产品的功能和美感，更要避免设计脱离实际的情况出现，所以多关注户外运动者的运动需求对这类产品设计会比较实际有效。

思考与实践：

1. 在你平时进行身体锻炼的时候，一般会随身携带哪些运动产品？
2. 在具有一定的消费水平的基础上，你最希望拥有哪种运动装备？
3. 尝试分析并评价吸引你的运动产品在设计上有哪些实用的功能。
4. 对你分析的这款产品进行再设计时，应从哪些方面入手，为什么？

1.3　小指甲刀的多重妙用

生活中那些不起眼的小物件，
总能为人们生活带来便利。

轴辘虽小,能提千斤。日常生活中有许多并不起眼的小工具,它们却总是能够解决人们生活中各种各样的需求。虽然我们平时已经很习惯如何去使用它们,但我们真的未必就那么了解它们。我们有可能使用得不够充分,削弱了它的功能,甚至一直在错误使用。就拿一把小小的指甲刀来说,你真的会用它吗?怎样剪指甲,才不会到处乱蹦?除了剪指甲之外,它还能派其他用处吗?正所谓实践出真知,让我们一起再来仔细研究一下指甲刀的很多“隐藏技能”,把它们逐一挖掘出来。

一般情况下,锉刀是在我们剪完指甲后使用,对指甲边缘进行精修,打磨成更光滑的圆边。其实它还有一种用途:每当我们网购收到快递,用它就能轻松搞定拆包裹的烦恼。用锉刀头上钩子结构对纸箱缝隙施力,可以很方便钩入封条缝隙,然后顺着轨迹一直划下去(如图1-11所示),就能毫不费力地把包装打开。当时怎么封起来现在就怎样重新拆开,过程也完全不会像用剪刀甚至用手撕那样狼狈,拆箱更为安全有效!

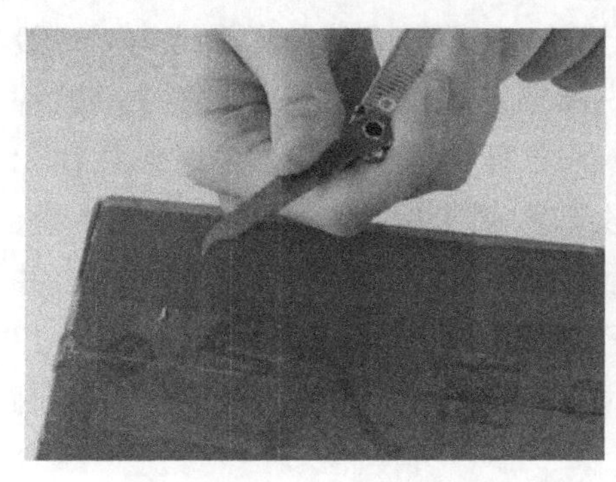
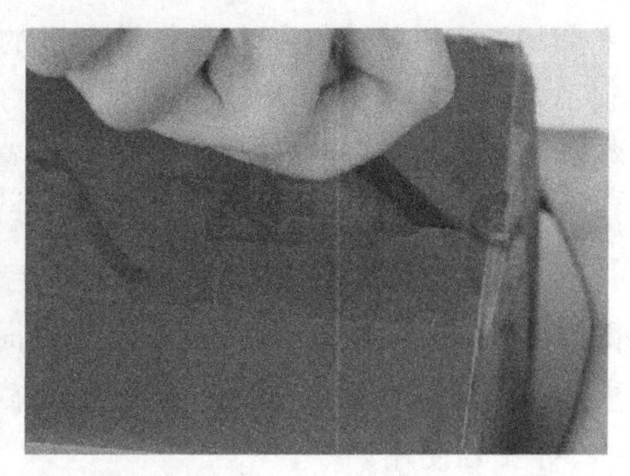

图1-11　一钩一划轻松拆开包装箱

其次，通过小孔借力，毫不费劲就能折弯金属丝。一般在指甲钳的尾部会设有专门的开孔，是为了能够串在钥匙扣上或者挂在钩子上。其实除了悬挂，它还有特殊用途，比如辅助折弯。当人们需要把较粗的金属丝加工成某种弯曲形态时，通常会比较野蛮地用手去掰。若没点力量和经验，肯定比较吃力，而且效果也不好，容易歪歪扭扭。这时如果能借助这个“孔”的力量，效果会明显得到改善：只需一只手捏住金属丝，把它一头伸进孔内，另一只手捏住指甲钳，通过向孔的一侧不断按压，随之使金属丝有节奏地穿过孔道伸出去（如图1–12所示）。如此操作，花不了多少工夫就能将笔直金属丝完全弯曲成环形。

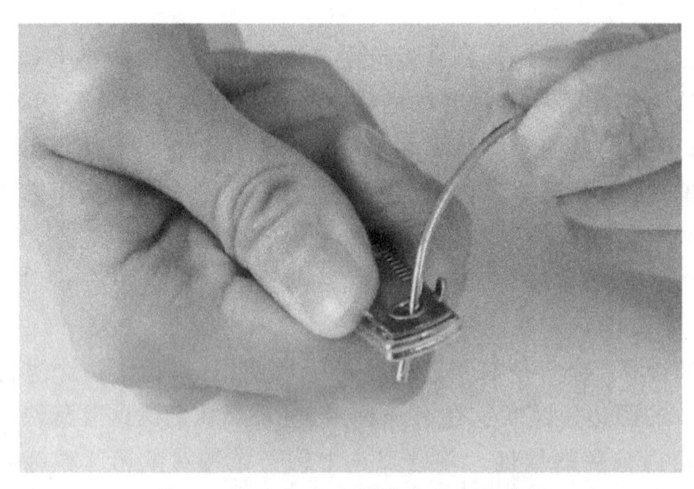

图1–12　开孔可用来借力弯折金属丝

此外，指甲刀因其具有稳定的三角结构，可以当蚊香架使用。指甲钳的各个部件都是通过两端的轴进行连接固定，不同的部件可以通过转轴翻出来调用，调出来的角度也有非常宝贵的用途，比如形成某种支撑结构。一般到了夏季，室内蚊虫渐渐增多，家家户户都得点起蚊香驱蚊。但买来的蚊香往往呈现一大盘圈状扁平的造型，配套的支架又很小。点燃的时候往往无法达到完全悬空支起的效果。这样就会容易熄灭或者烧焦易燃的接触物，很不方便。现在通过指甲钳就能搞定：只需翻出锉刀向上转至90°位置，并翻开指甲钳上盖，呈V字形平放于台面，就形成了稳定三角结构（如图1–13所示）。将蚊香插入顶端，更方便点燃它，既不容易熄灭，更不会烧坏接触面，可安心使用。

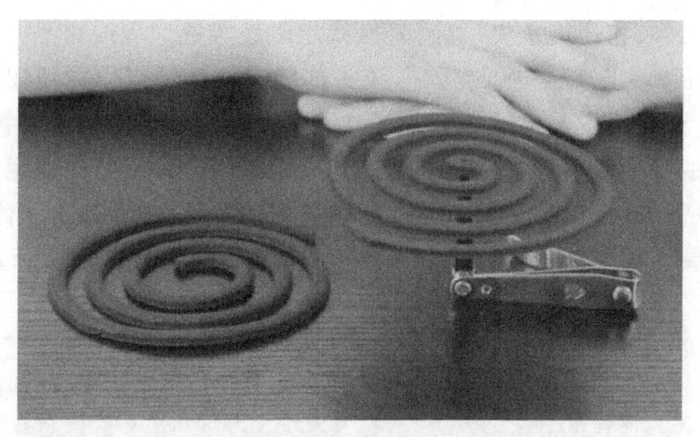

图1-13　稳定的三角结构可放置蚊香

值得一提的是，只要封住指甲刀侧面开口，就能避免指甲碎片到处飞蹦。指甲钳最主要的功能就是剪指甲，但人们剪的时候碎片总是到处乱蹦，甚至弹到面部。这种操作带给人们不适感的同时，还对后续清理造成很大麻烦。究其原因，是指甲钳前部的两侧位置处于开放状态所致。其实只需稍加改良，就能避免这种情况：用胶带纸将两侧封住后，再去剪指甲，那些被剪下的碎片只会黏在胶带纸上。如此不仅不会到处飞蹦，而且只需将胶带撕下扔掉即可完成清理工作（如图1-14所示），这样通过优化细节提升了整体品质。

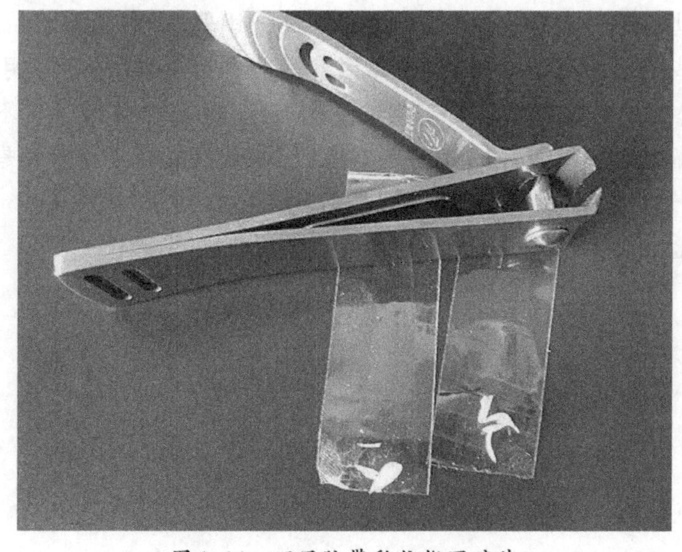

图1-14　巧用胶带黏住指甲碎片

除此之外，它还能一夹一扯，轻松搞定剥线难题。剥线钳是一种电工修理常用的工具，用来供电工剥除电线头部的表面绝缘层。剥线钳一般可以切断电线，让绝缘皮与电线分开。但当我们平时生活中临时需要拨电线，却没有这样的专业工具该怎么办呢？其实不用担心，我们照样能用指甲钳解决问题：只需夹住电线，像剪指甲一样剪下去，然后一拉就拨开了绝缘外皮。正所谓工具不在多，在于精；功能不在全，在于巧！（如图1-15所示）

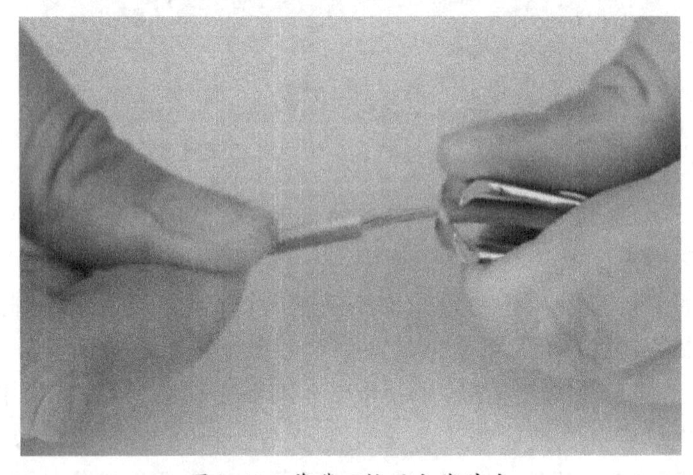

图1-15　剪嘴可拨开电线外皮

最后，通过杠杆作用，也能为卸钥匙争取空间。我们随身携带的钥匙一般都由钥匙环统一串起来的，若是要卸下某把钥匙，一般总要很费力才能取下来。有些钥匙环真的很锋利，硬取很容易伤到指甲，掰得不好钥匙环又缩回去，反复折腾极为麻烦。那有什么办法能让钥匙轻松取出又不伤手呢？答案还是指甲钳。对着环的缝隙夹下指甲钳，嘴就能轻松撑开钥匙环，缝隙变大了，通过杠杆作用，环与环之间受力就留出空间来（如图1-16所示），取钥匙又安全又快捷。

图1-16　钳嘴可撑开钥匙环

这就是小小指甲钳的多重妙用(如图1-17所示)。生活中这些不起眼的小物件,总能为人们生活带来便利。相信只要能对生活用品进行深入了解,一定都能开发出产品中更多实用的功能。

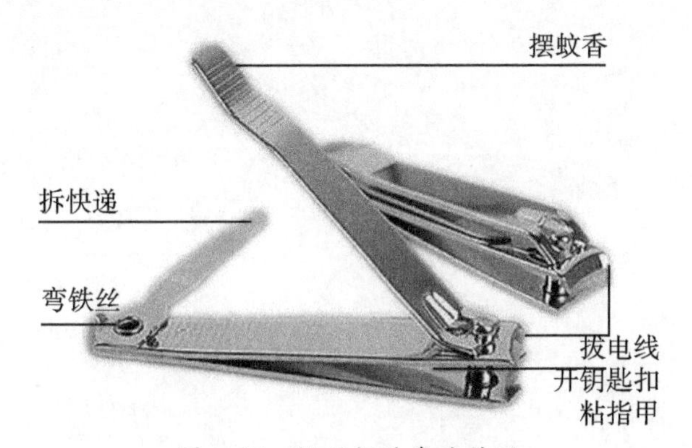

图1-17　指甲钳的多重妙用

思考与实践:

1.除了指甲钳,你还能找到平时生活中能够一物多用的小工具吗?

2.在许多自媒体视频中出现的巧用物品的方法,你是否会进行点击,关注其中的内容?

3.尝试分析一种日常用到的小工具,还有哪些可挖掘的功能?

4.根据实际经验说明,到底产品是功能更纯粹好,还是有更多功能好?

1.4 绘画装裱的艺术形式

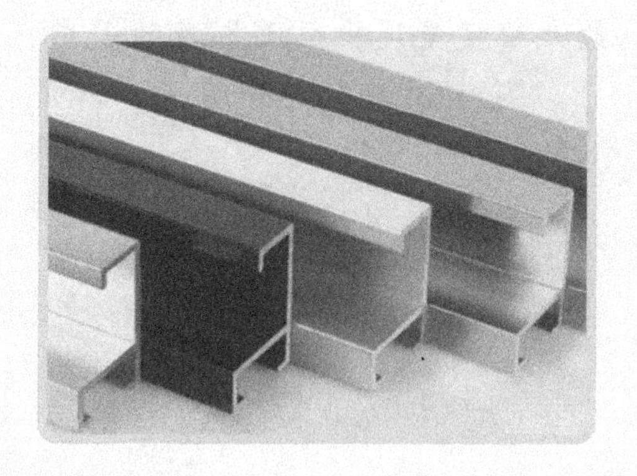

绘画作品在装裱后，
最大程度呈现出画面本身的美感，
使主次关系更分明……

随着人们生活水平的不断提高，大家早已满足了马斯洛需求层次理论底端的基本需求，不断地朝着更为丰富的精神生活需求方向发展。最近十几年，越来越多的家庭都对艺术品产生浓厚兴趣，特别是绘画作品，人们非常乐意把它挂在家中的墙面上。这类艺术品，既能用于展示，又能进行收藏。不仅可以体现文化涵养，而且还能使财富变相增值，确实是一举多得。

这里提到绘画作品就不得不与作品的后期装裱联系起来。正所谓"七分画三分裱"，也许在现代绘画艺术影响下，装裱环节可以占到更大比例。在如今制造业和网络电商高度发达的中国，人们可以不用出门就能通过网上购物，买到不同风格、材质的画框。自己根据安装视频，就能DIY进行作品装裱，真是既简单又方便。

通过调研发现，市面上的裱框材料有很多，其中纹样繁复的欧式实木边框（如图1-18所示）比较常见，这种边框比较复古，装裱起来工序较为复杂，装裱完后虽然质感厚重，能立即让作品呈现出类似欧洲文艺复兴时期的那种经典艺术气息，但是把这样的画框挂在注重现代简约风的家中，似乎总是显得格格不入。

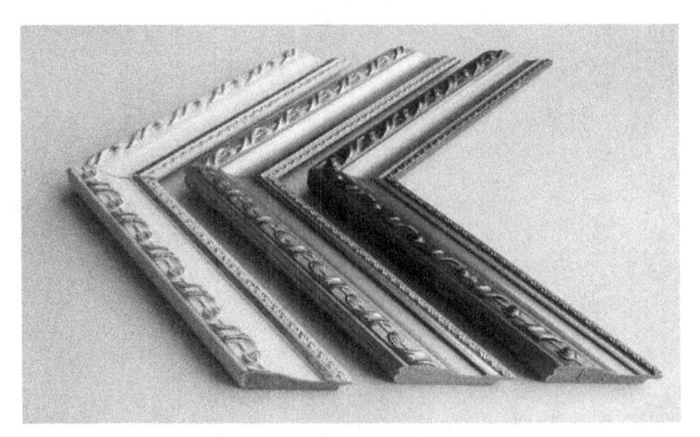

图 1–18　复古欧式实木边条

因此，通过实际体验了一种金属型材的裱画边框后，与实木框进行对比，认为它具有更优的功能性。型材的截面呈现出一个类似L形的结构（如图1–19所示），正是这样一个特殊形状，上下两侧分别有其特别的功用，在随后的安装过程中，马上就能发现它巧妙的用处了。这种金属型材制成的边框质量较轻，且强度更高。

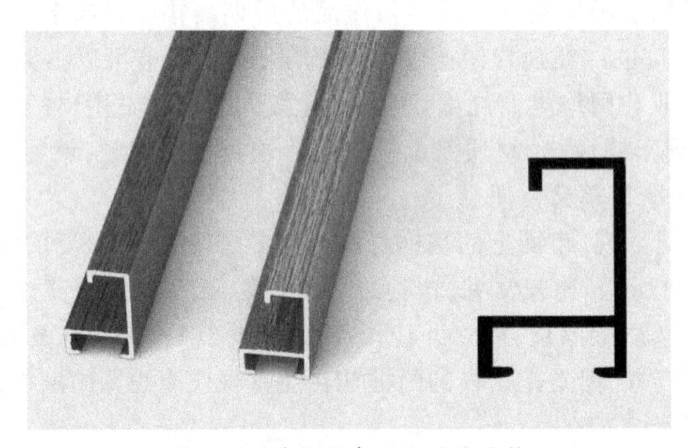

图 1–19　裱框边条两侧功能结构

这种金属裱框材料经过表面处理，可以模仿各种材质效果，十分逼真！比如黑胡桃木、红木、柚木等各种实木质感，以及闪银、香槟金、亚光黑等各种金属质感（如图1–20所示）。即便近距离观赏，仍无法完全辨认边条本身的材质。从某种角度反映出设计是可以改变人们的常规思维模式，通过对产品表面进行必要的技术处理，即可实现视觉呈现的更多可能。

图1-20 模仿各种质感的裱框边条

将L型金属型材翻转至“C”形凹槽一端,可将条边呈45°角两两拼接,并将L型的金属件插入凹槽内,用螺丝刀将其上的螺丝朝着凹槽方向拧紧(如图1-21所示)。这样即可牢牢地固定住画框边缘四个角,也可在拼接时分别对各边各角进行微调,待四边都包围起来之后,再对绘画作品本身非直角90°的边角进行二次调整。

图1-21 L型金属件45°拼角固定边框

画框挂钩的结构设计也很独特。它也是通过卡在凹槽当中,用螺丝拧紧的方式加以固定(如图1-22所示)。这样的优点在于可更为灵活地调节平衡,方便在凹槽中左右移动距离。既能保证画幅固定时的平衡,又能够尽量缩短挂钩悬挂时露出的距离,使其尽量隐藏起来,从而更加突出画面主体。并且通体采用这种凹槽式的安装方式,不仅统一,且降低安装难度,无论画幅是横构图还是竖构图,挂钩只需在对应边的凹槽进行调整,省时省力。

图1-22　方形挂钩固定于边条中间

将金属型材边条翻转至L型的另一端，则可以将绘画作品内框牢牢地固定在有一定深度的凹槽内，并且使用一种八字形弹性金属片，小心翼翼地填入到内框与外框之间的凹槽缝隙中(如图1-23所示)。不管内框与外框间的间隙有多大，都能通过调整弹片弯曲弧度，让内框牢牢卡在外框一侧的凹槽内，起到类似拱桥那样的支撑作用，结构稳固，单元件调整和替换都很灵活。

图1-23　弹片填入缝隙固定位置

这种新型画框装裱方式简单便捷，且包边厚度也相对较薄(如图1-24所示)，在装裱后最大程度呈现出画面本身的美感，使主次关系更分明(如图1-25所示)。高雅简约的装裱格调，实现对绘画艺术品的完美提升。

图 1-24　安装便捷、高雅时尚

通过画框装裱这个载体,能够反映出艺术设计的巨大魅力。其实包含着艺术与设计这两个交叉学科,本就可以在某些设计命题中进行聚焦融合。优良的艺术设计作品既能让人感受到浓浓的艺术气息,又能令人体会到功能结构的理性可行。

图 1-25　主次分明的简约装裱风格

思考与实践:

1. 在哪些条件下,艺术与设计可以完美结合?
2. 纯艺术的作品在当代是否需要通过设计去"包装"?
3. 在为艺术品做设计时,应如何把握"品质"与"大众化"的关系?
4. 尝试通过对某一件你所喜爱的艺术品,做一套视觉传达设计方案。

1.5　骑行车台的辅助功效

在不浪费家中空间的前提下，
丰富精神生活，
合理进行体育锻炼。

近些年来，虽然我国经济发展很快，但是我国的国民身体素质和健康问题还需要很长时间进一步解决。《中国人2018年健康大数据》显示，76%白领处于亚健康状态，高血脂1亿人，高血压2.7亿人，超重和肥胖者2亿人等。从这些令人触目惊心的数据中我们不难看出，我国的国民健康形势非常严峻。

身体是革命的本钱，拥有健康的身体是非常宝贵的。正因如此，越来越多的人组织到一起，以团队形式参加各种体育锻炼。比如公路自行车骑行（如图1-26所示）就是一种很好的户外健身运动形式。骑行不仅可以欣赏沿途的风景，而且可以进行有氧训练，根据自己的状态合理调节骑行速率，有益身心，充满乐趣！

图1-26　公路自行车骑行运动

自行车骑行的好处有很多，但也经常受到外界环境的限制，比如在刚刚开始学骑自行车的小朋友就很容易从车上摔倒，磕磕碰碰都是常事。还有在比较恶劣的天气环境下，例如下大雨等情况影响，穿戴雨具骑自行车也很危险，地面湿滑更容易摔倒（如图 1–27 所示），对户外骑行造成重重阻力。

图 1–27　学骑车时和恶劣天气骑车时摔倒的场景

户外骑行能够起到强身健体的锻炼效果，而在室内骑功率自行车（如图 1–28 所示）也能对膝盖等下肢部位有损伤的患者，特别是术后进行康复性训练有很大帮助。很多医疗机构在安排患者的术后康复计划时，都会使用这类脚踏器械产品，进行下肢力量复健训练。

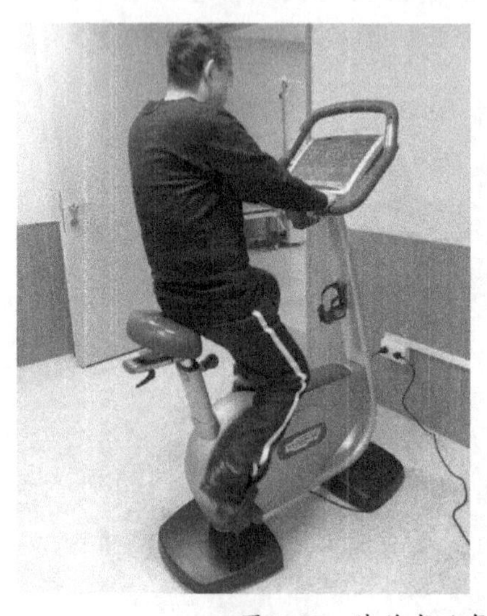
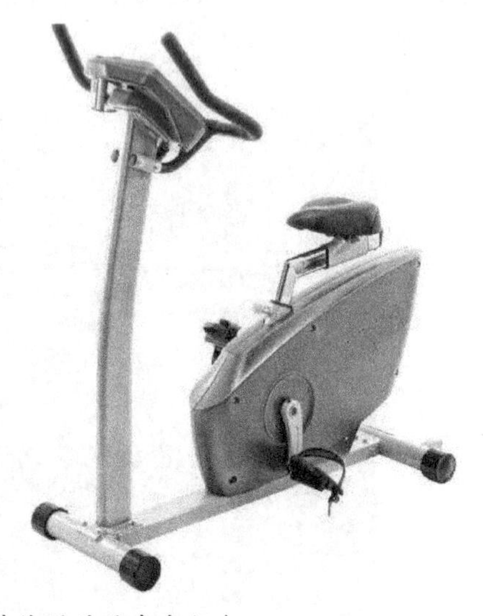

图 1–28　膝盖术后复健使用的功率自行车

基于上述几方面诉求：既要能在恶劣天气下骑行锻炼，又要帮助儿童骑车起步学习，甚至能够辅助患者术后康复下肢训练等，解决方案就是使用一种室内骑行专用的车台（如图1-29所示）。只需在室内角落的空余位置，放置一个结构简单、使用方便的自行车台，然后将平时骑的自行车架在其上，调试后就能进行室内锻炼了。

图1-29　可在室内骑行训练的磁阻车台

一开一合，稳定安放，快捷收纳。这种专用骑行台的主要结构采用"人"字形架台，正三角本身是非常稳定的状态，可通过其上的轮轴卡口，牢牢将自行车后轮固定于地面之上。它既可展开，又可通过轴结构完全收拢（如图1-30所示）。车台支架结构主要包括了有磁阻阻力的装置（连接惯性轮）和与车把手位置相连的阻力调节控制阀，以及固定用的快紧扳手、支撑脚垫、快拆卡口等。整体装置细致完备，使用方法也明确便捷。

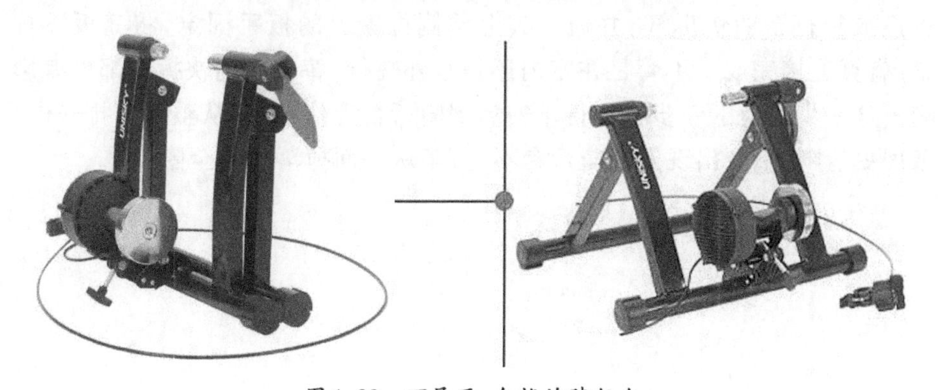

图1-30　可展开、合拢的骑行台

静音耐磨，阻力均匀，换挡自如。自行车台最核心的功能在于其非常良好的磁阻滚筒装置及可六档调节的阻力控制机构（如图1-31所示）。阻力滚筒的材质属于一种具有较强耐磨性能且柔软舒适的皮质材料。滚筒使后轮胎与之接触不会摩擦过热造成损耗，在滚动时能保持静音，也不容易在滚动时打滑。在使用前，首先将阻力调节阀对上滚筒中间位置，拧至差不多紧度固定。再将六档调节阀安装于车把手位置，在骑行时转动调档，根据训练强度需要设置阻力大小。通过阻力变化，可模拟在户外骑行时上下坡或平路的路况感受，结合自行车本身的变速器调档，让室内骑行也能达到更丰富的骑行效果。

图1-31　静音滚筒和六档阻力调节

通用轮轴，更换快拆，连杆固定。自行车的后轮本身都会有一个快拆杆，是为了固定车后轮和车架等配件的中心轴。基于车与车台互相匹配的诉求，轮轴杆必须采用通用的配件，骑行台也应配备对应的车架快拆杆（如图1-32所示）。这种连杆结构简便，只需将自行车后轮的快拆杆小心拆下，更换成骑行台的快拆杆，并通过其上单侧位置上的扳手固定，将其扳下拧紧，就算连接完成。不管是在室内还是室外骑行，替换上的快拆杆都没有影响。这一步骤为下一步将自行车安装到骑行台上作准备，从整体安排来讲，条理更清晰，不会出现安置骑行台不稳，车从上面掉落的安全隐患。

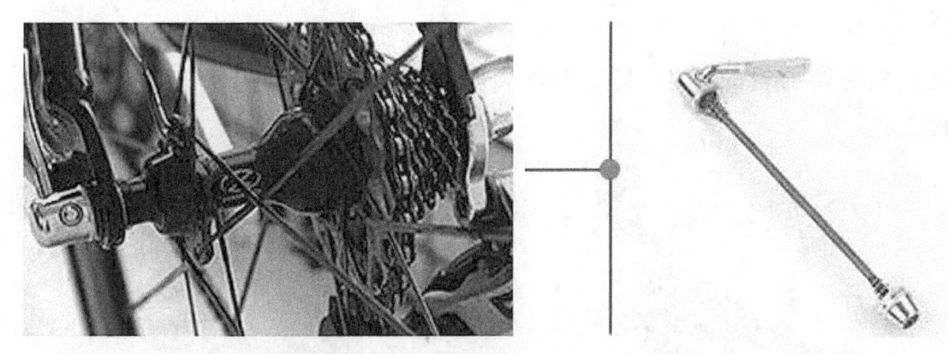

图1-32　与后轮轴通用的骑行台快拆杆

快紧扳手，单向锁紧，拆装便捷。快紧扳手，只需上下扳动就能够打开或者锁住后轮轴快拆杆（如图1-33所示）。首先将自行车后轮拎起来，将轮轴一侧卡入骑行台对应侧的凹槽内。接着将轮轴另一侧对齐同侧的快紧扳手位置的凹槽，按下扳手，即可完全将自行车后轮牢牢锁入车台轮轴凹槽内。此时，自行车的后半部已经稳稳地架在骑行台上。这种上下扳动的把手相较于螺旋转动式的把手，优点在于它不需要费时费力进行调节，只要垂直于受力方向，向下一扳就能锁紧，干净利落，使骑行台处于平衡、对称、稳定的状态。

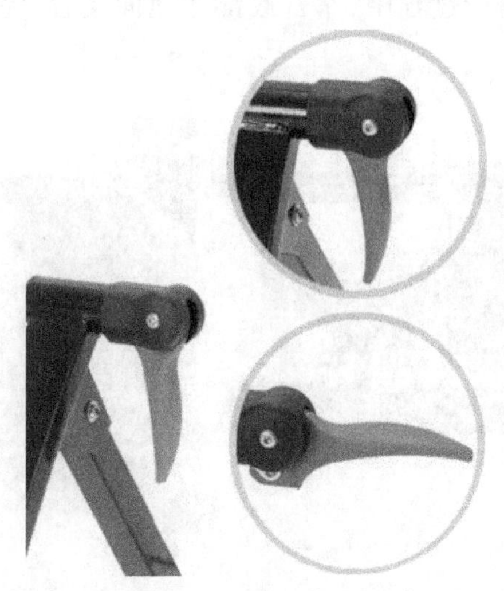

图1-33　骑行台后轮固定快紧扳手

前轮轮圈，凹槽垫托，托架平衡。前轮的固定不需要像后轮固定那样复杂，因为自行车是后轮驱动，所以前轮只是起到把控方向和平衡的作用。于是只需要提起前轮，在其正下方放置一个凹槽垫托（如图1-34所示），这样既起到托架前轮的作用，又使得整辆自行车都完全悬空于地面，置于骑行台上。

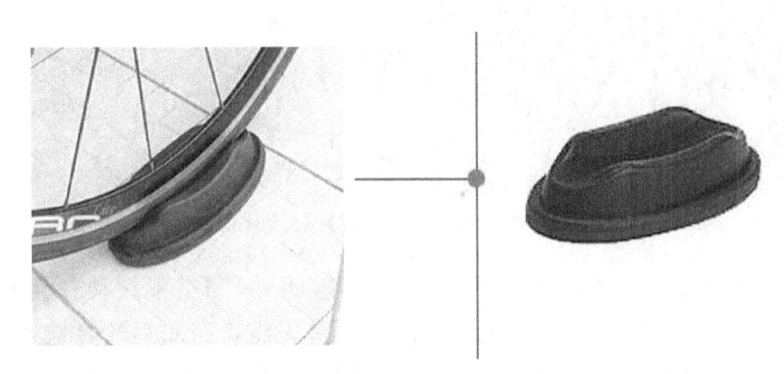

图1-34　前轮凹槽底垫保持整车平衡

脚垫高度，分档调节，耐磨稳定。骑行台结构设计细致入微，即便小到脚垫处的设计都可圈可点，脚垫结构竟然还分了五个不同的档位来调节高度。虽然各档高度差并不是十分明显，但可以通过旋转进行微调（如图1-35所示），使骑行台左右两侧的水平高度与地面保持水平一致。并且，脚垫材质柔软、耐磨，可在骑行过程中，车台底部与地面接触，完全避免任何偏移或震响等情况出现。

图1-35　脚垫高度调节可细分档位

基本款的骑行台能够满足人们在室内骑行的基本运动需求。除此之外，升级款的产品还可以通过家中的电子设备，将户外骑行的场景影像通过交互设备模拟呈现。运动爱好者能够通过数据连线，让自己虽然身在家中，也能有户外骑行甚至赛道竞速的逼真体验（如图1-36所示）。当屏幕中的场景画面随着骑行速度变化相应变幻时，这种身临其境的感觉真是让人心旷神怡。

工业设计作为一门交叉学科，它既包涵了艺术设计的审美标准，也包涵了机械设计对于机械结构的功能标准。在自行车骑行台这个案例当中，我们就可以看到，它首先具有运动器械结构的功能性，并且又非常切合当代运动爱好者的生活理念。它能够做到在不浪费家中空间的前提下，丰富精神生活，合理进行体育锻炼。

图1-36 户外骑行的模拟体验

思考与实践：

1. 有哪些户外运动，可以通过运动器械在室内模拟达到锻炼效果？
2. 为什么人们越来越热衷于购买运动类产品却很少真正去使用？
3. 如何通过设计引导受众人群进行主动健身锻炼？应把握哪几点？
4. 结合实例谈谈一款成功的运动器械，通过哪些方面体现人性化？

第2章 CHAPTER 2

生活痛点发现解析篇

在对生活中各种产品观察与品评后，我们大致能够了解产品各自用途，具体解决了什么问题。这时我们仍旧要保持耐心，不能着急开始自己的设计。因为我们要明确接下去的设计重点，即解决问题的关键。经常研究生活中遇到的各种状况，努力发掘其中存在的痛点，整理分析问题具体成因。

2.1　晕动人群的症状缓解

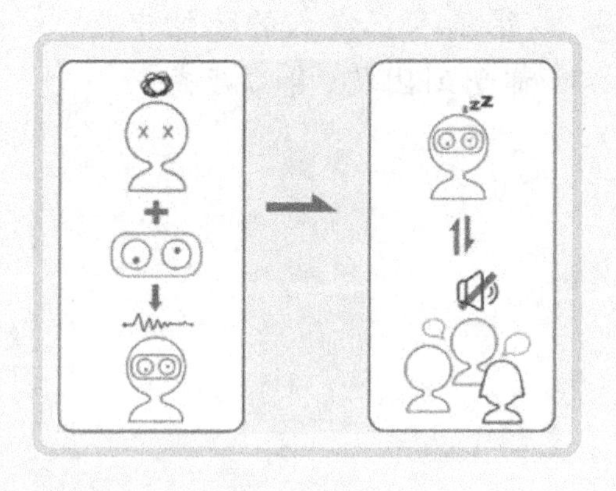

由于“晕动症”的影响，
很多人在漫长的旅途中，
都受到困扰，身心疲惫……

在人们的日常生活和工作中,其实有许多痛点问题一直困扰着我们。我们应对的措施往往首先选择试着忍耐,实在不行再尝试选择某个产品辅助改善,每个人应对的态度都不同。随着人们生活水平不断提高,各种各样痛点问题会不断出现,必须不断想办法去解决。解决问题的第一步,是敏锐地发现问题,记录并分析它们。

生活痛点真的无处不在,以晕动人群的出行问题举例分析。现代生活,人们出行离不开交通工具,比如汽车、飞机、轮船等。但由于“晕动症”的影响,很多人在漫长的旅途中,都受到困扰,身心疲惫(如图2-1所示)。虽然人们也采取了多种应对措施,比如服用晕车药、注视窗外、按摩穴位等,但效果往往并不理想,治标不治本。

图2-1　“晕动症”造成乘坐时身体不适

其中，晕车药是通过药物作用影响大脑，让人疲倦、瞌睡，俗话说“是药三分毒”，晕车药也不例外。而选择长时间将注意力聚焦到窗外运动的景物，则会造成脑中信息负担过重，更容易感到强烈的疲劳感，加重晕眩症状。按摩穴位虽然看似科学，但需要专业技术手法，准确把握穴位和力度。试想一个易晕的乘客，哪里还有这份心力替自己医疗呢？执行效果显然不理想。

分析这个痛点问题，我们不能只是停留在表象，应深究根源，思考一下引起“晕动症”的根本原因到底是什么？我们不妨试着把自己置身于场景之中，由于受到旅途中各种外部因素影响，比如旁边有人聊个不停；闭塞空间内有烟味等古怪气味；路况不好时司机频繁急刹车，又反复启动等。这些因素才是关键“痛点”，只有同时解决患者在旅途中“保持睡眠”和“顺畅呼吸”两方面的问题，才能有效缓解症状（如图2-2所示）。

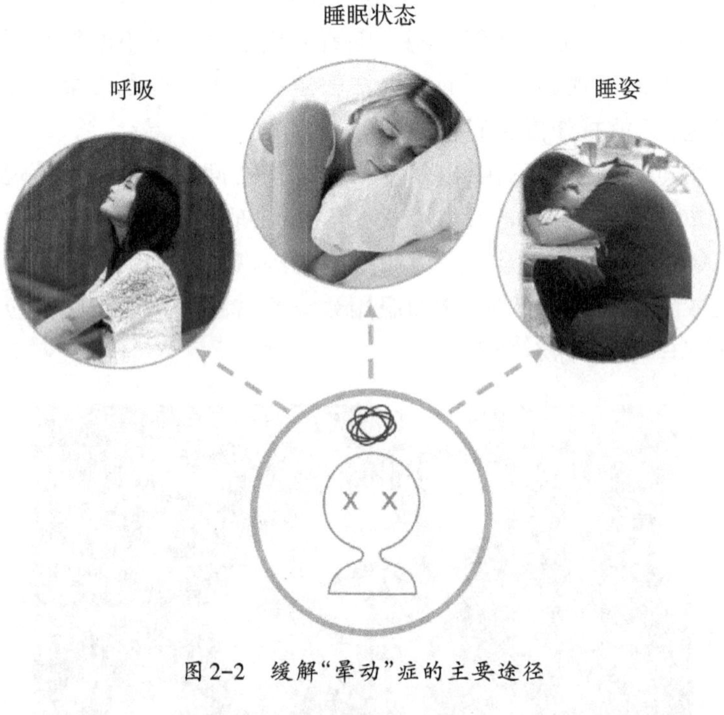

图2-2　缓解“晕动”症的主要途径

从目标人群的乘坐姿势角度分析，人在旅途中久坐后渐渐疲劳，会采用躺卧或向左右侧倚靠的姿势。这两种姿势都会影响相邻座位的乘客，也不雅观。躺卧时蜷缩的身体姿势对腰、颈、肩等部位损伤隐患较大；而向左右侧倚靠的姿势，也会对颈椎和头部造成损伤。最关键的是，这两种姿势都无法同时满足“保持睡眠”和“顺畅呼吸”的需求。

为了更好地保护颈椎和身体各部位，并且让人平稳进入顺畅呼吸的睡眠状态，应该选择正面向前俯靠或正面向后仰卧这两种被证实具有一定科学性的姿势。但这两种姿势也同样需要“工具”辅助：长时间将头靠在前方的椅背上，前额压力会比较大，随着路途颠簸振动也会影响颈部安全，需要一个枕头的靠垫。而向后仰卧时，受到外界较亮的视线和嘈杂声音干扰较多，则需要眼罩、耳塞或提醒周围请勿打扰的工具等。

在闭塞环境下受各种异味的影响，保持“顺畅呼吸”的应对方法，若是选择把鼻子堵住肯定不行，可以考虑在鼻子跟前放些装有橘皮之类防晕气味的胶囊（如图2-3所示），闻一闻这些清新自然的气味，相信马上就能使人心情放松下来。

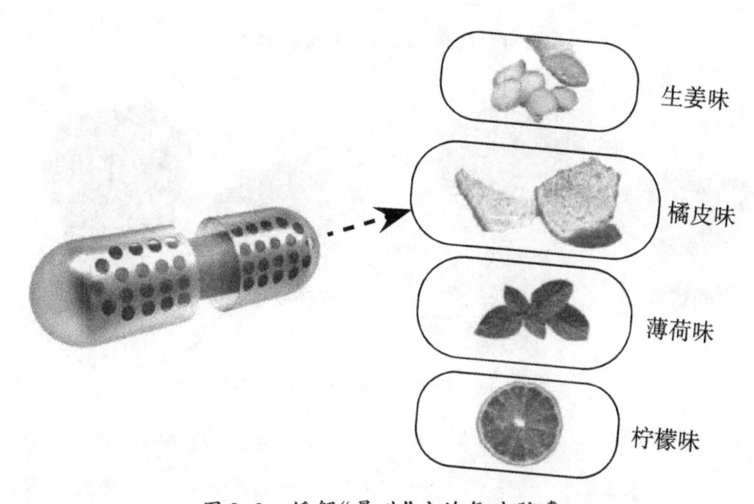

图2-3　缓解“晕动”症的气味胶囊

靠垫、眼罩、耳塞、“请勿打扰”……结合这些功能，是否可以开发出一款全新的产品，从而在俯靠状态下起到保护颈部安全、能顺畅呼吸的作用；仰卧状态提醒周围请勿打扰，安稳睡眠。同时兼顾清新空气，保持顺畅呼吸等诉求的某种产品，“晕动症”人群确实也需要这样一种能够真正解决问题的新产品。

将这些概念提炼整合，从“减弱晃动”、“保持睡眠”、“顺畅呼吸”和“提醒勿扰”等多角度出发，笔者已经设计出一种防晕伸缩气垫“眼罩”（如图2-4所示），戴上它可消除晕动症带来的不良反应（如图2-5所示），也可减弱周围环境造成的噪音等不良影响(如图2-6所示),有效缓解晕车症状。

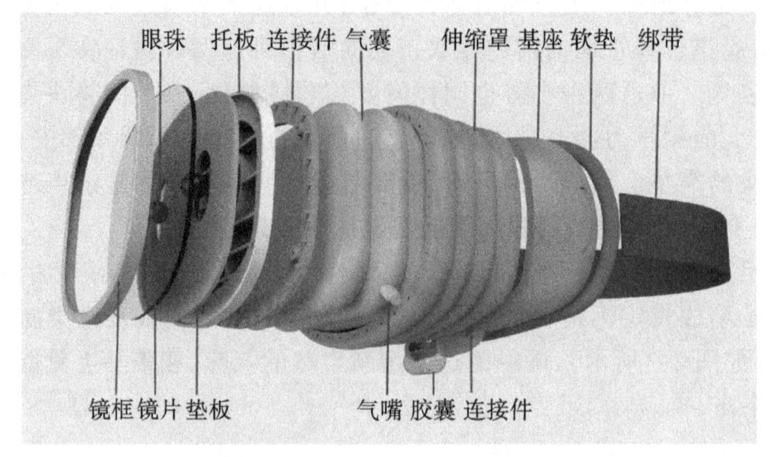

图2-4 防晕“眼罩”的结构爆炸图

图2-5 防晕“眼罩”的佩戴方式

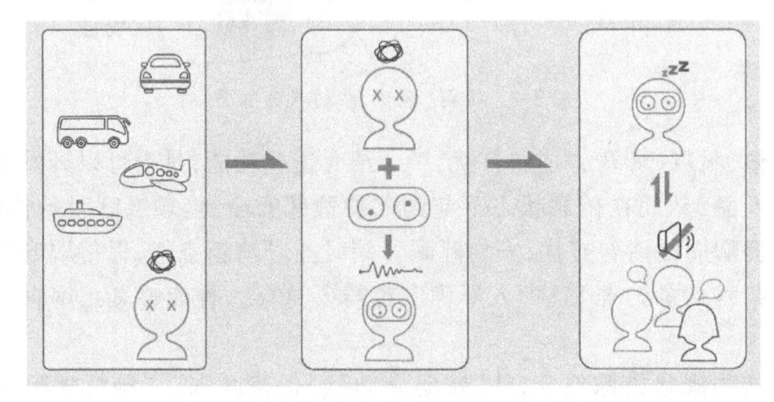

图2-6 有效缓解晕动症及避免噪声影响

通过可伸缩的气囊帮助使用者在俯靠状态下保持舒适睡眠状态,保护颈部安全、呼吸顺畅；在仰卧状态下眼罩前部提醒旁人勿扰的功能；通过鼻罩下方带有清新气味的胶囊，可以随时改善呼吸效果，缓解晕动症状（如图2-7所示）。这款产品设计体现了功能多样，实用便携等优点。

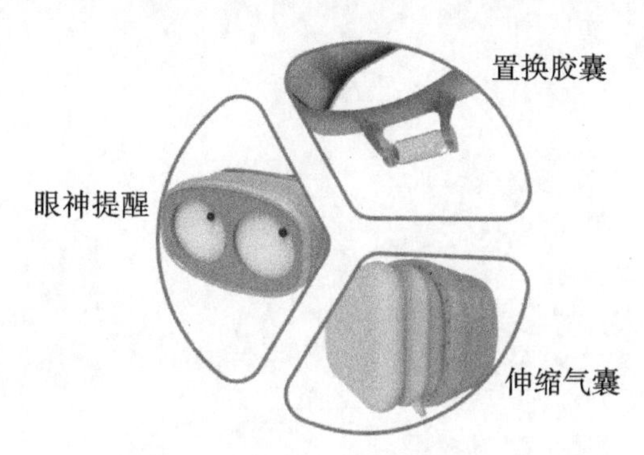

图2-7　“眼罩”的防晕功能细节

其实生活中除了“晕动症”这个痛点之外，还有很多痛点一直困扰着我们。如果我们只是选择默默忍耐，社会就不会进步。不如让我们开始学着多观察，主动思考，努力实现功能创新，一定有克服更多困难的机会，用创新设计造福世人。

思考与实践：

1. 你或身边的人遇到过“晕动症”的困扰吗？谈谈具体的情况。
2. 你认为最有效的防晕措施或方法是什么？如遇情况是否会执行？
3. 除了本案例提到的设计方案，你还能想到哪些可行性方案？
4. 本案例提出的解决思路，是否同样适用于其他的情况？为什么？

2.2 孩童就餐的习惯引导

孩子是否能做到一手捧着碗(盘),
一手拿起饭勺(筷子),
专心致志地把饭吃完?

作为家长，在培养孩童养成良好的就餐习惯的过程中，是不是都会遇到很大的阻力。回想我们自己年幼时与吃饭有关的记忆片段，有没有因为用了某个餐具，吃饭特别香，速度也很快呢？亦或是思考过一些关于就餐行为方面的痛点问题，有哪些地方可以改进呢？设计灵感常常来自日常生活中偶遇的经历。

在我们普遍的印象中，似乎并没有碰到过什么能培养儿童养成良好就餐习惯的餐具产品。而市面上已有的那些儿童专用的餐具，似乎也没能从儿童实际情况出发解决这类痛点问题。大部分时间，孩子都需要在家长的帮助下进食，过程可谓费时费力。而且伤脑筋的情况是进食过程食物掉落得到处都是（如图2-8所示），很不卫生。

图2-8　孩子吃饭时的凌乱场景

基于对上述问题的思考，笔者思考设计提出一种有助于儿童养成就餐习惯的餐具结构及使用方法。这个方案正是针对上述种种问题，克服当下儿童吃饭表现不佳的痛点现象，提出一种方便儿童自行就餐，同时保证饮食过程安全卫生，甚至能锻炼儿童手脑协调、纠正就餐姿势的餐具结构及其使用方法，这本就是一个综合性问题，需要互相联系、集中解决。

让我们重新回顾孩子就餐的整个过程，解构一系列动作行为，及后果影响，最后试图通过何种方式去改善状况。

当孩子坐在位子上，手常常会不经意间带到餐盘或饭碗的边缘，把内里的饭菜或汤水洒出来，我们无法禁止孩童多动，但可以考虑更好地固定餐具。

正因为孩子时不时会打翻饭菜，究其原因主要是没有形成一种正确的就餐礼仪规范意识。比如孩子是否能做到一手捧着碗（盘），一手拿起饭勺（筷子），专心致志地把饭吃完？同样的，我们无法命令尚未懂事的孩童必须怎么做，但可以通过改变餐具的造型结构进行行为引导。

无论是在就餐时，还是在餐前餐后，清洗餐具和收纳整理餐具都是一个重要的家务内容。这不仅需要家长保持耐心认真处理，而且也是帮助孩童养成良好就餐习惯的重要途径。我们是否可在儿童餐具组合完整性、灵活变通性等方面进行改进，便于清洗和收纳呢？

无论如何，我们始终应该首先考虑对儿童就餐行为进行纠正、引导，在设计儿童餐具时，加入形成就餐意识的设计细节。

从这些方面的思考进行提炼整合，将“固定餐具”、“就餐引导”、“灵活使用”和“清洗收纳”的诉求综合之后作设计。笔者已经设计出一种儿童就餐的创新餐碗套件（如图2-9所示），可以帮助引导儿童养成良好的就餐习惯。

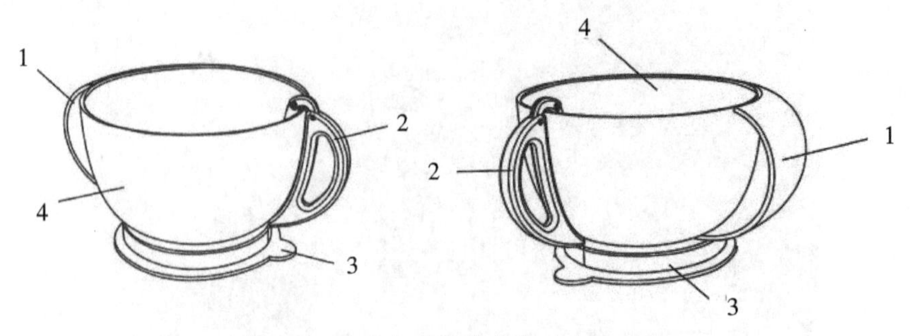

图2-9　帮助儿童就餐的餐碗组合设计

该餐具组合中包括了餐碗和吸盘体，餐碗设置在吸盘底座上（如图2-10所示）。吸盘底座由松紧加固环、强力吸盘垫和吸盘柄等几部分组成，松紧加固环设置在强力吸盘垫上，吸盘柄与强力吸盘垫相连，可牢牢将餐碗固定于餐桌表面。

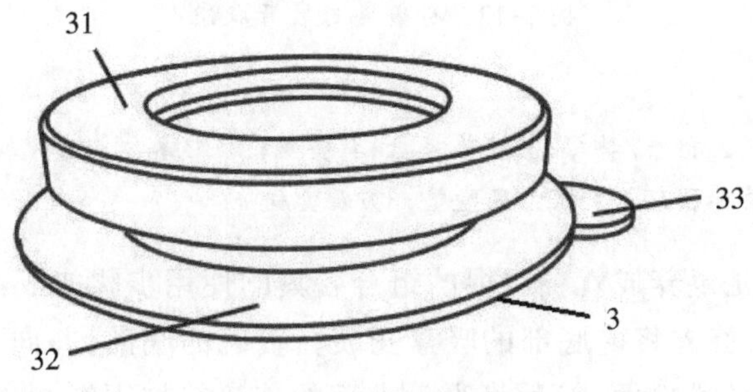

图2-10 吸盘底座结构

并且餐碗组合本身还包括折叠餐勺和弧面凹槽（如图2-11所示），这两部分均与餐碗主体活动连接，可组合或拆卸使用。

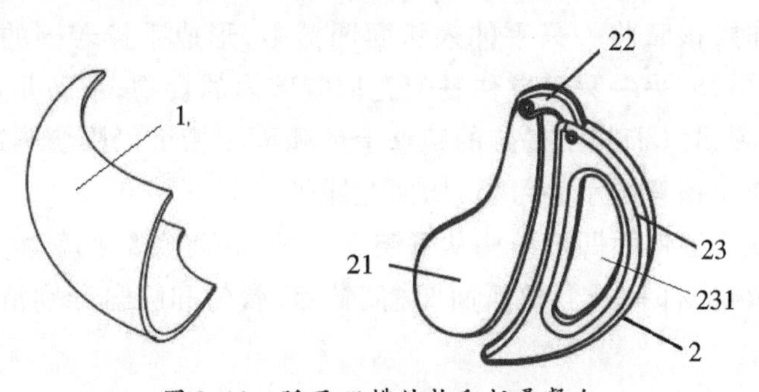

图2-11 弧面凹槽结构和折叠餐勺

其中折叠餐勺部分由勺体、伸展关节和把手组成，勺体通过伸展关节与把手相连，方便儿童握着勺体部的勺子兜取碗中食物。儿童手握勺体部的展开角度为100°（如图2-12所示）。调整勺体与勺柄之间的角度后，形成<180°的夹角，会更符合儿童兜取食物的手势习惯，也可以更稳妥地将饭菜送进嘴里。

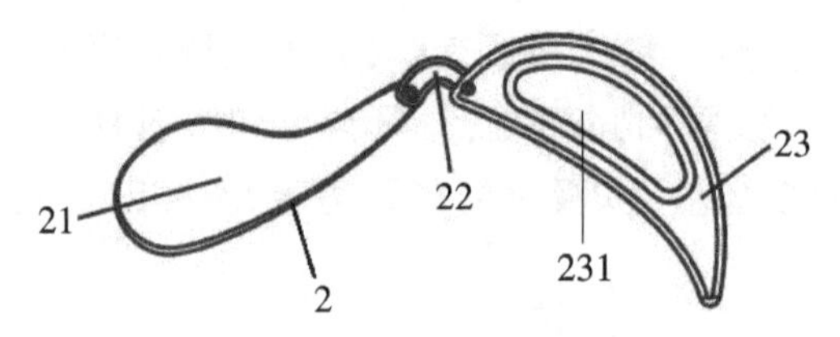

图 2-12　折叠餐勺展开状态

本案例图注：

1. 曲面凹槽；2. 把手/餐勺；3. 底垫吸盘；4. 餐碗；21. 勺本体；22. 伸展部；23. 餐把手；231. 通孔；31. 松紧加固环；32. 强力吸盘垫；33. 吸盘柄

这个帮助儿童养成就餐习惯的组合餐具的使用步骤如下：

1. 就餐前，首先将碗底部的吸盘安装在餐碗的底部，并向下按压吸盘用力吸住就餐的光滑桌面，然后将吸盘上部的连接垫加固螺帽进一步拧紧，可将餐具更加牢固地吸附在桌面；进而，将弧面凹槽结构卡扣在碗壁的一侧；最后，把可折叠餐勺完全折叠后，挂住餐碗另一侧的碗壁上，作为餐具把手。至此，整套餐具组装完成，等待就餐（如图 2-13 所示）。

2. 就餐时，孩童将一只手伸入弧面凹槽中，形成手捧着碗的保护姿势。打开折叠餐勺，将另一只手握住餐勺兜取餐碗内的食物，帮助儿童适应自助就餐的良好习惯。（卡扣于餐碗的碗壁上的弧面凹槽可以围绕圆边任意移动位置，以适应于孩童的手势习惯，比如左撇子。）

3. 就餐后，将弧面凹槽结构从餐碗上拆开，并将底部吸盘体先从餐桌上卸下再从餐碗底部拆开。把弧面凹槽、餐碗、餐勺和吸盘分别清洗干净，并进行收纳。

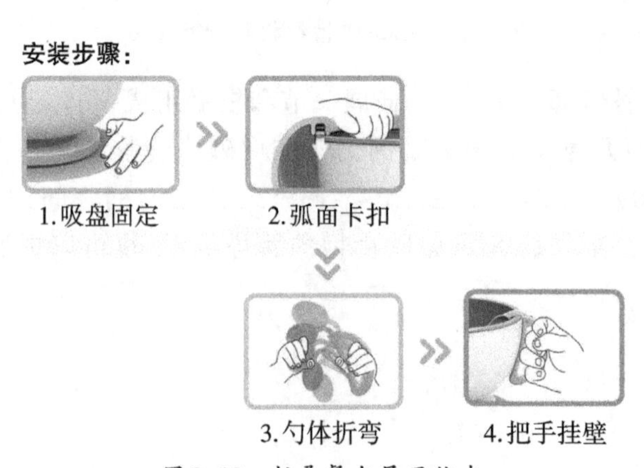

图 2-13　折叠餐勺展开状态

这套组合餐具的整体结构设计较为严密(如图2-14所示):从内到外，分为多层，内胆和外壁分离，既保温隔热，又便于清洁;自上而下，则根据用餐的尺寸距离关系设置对应的功能结构;从左到右，专门设计的弧面凹槽结构和折叠餐勺，亦可左右交换位置，分别照顾到儿童左右手的就餐协同运作的需求。

图2-14　组合餐具整体结构图

这套组合餐具设计的优点在于通过“形、色、材、用”等多方面，将儿童的注意力集中在就餐这件事情上。因为儿童在学龄前的注意力本身很难保持集中，特别是吃饭等日常规范动作(如图2-15所示)。餐具设计首先应帮助儿童自己吃饭，养成良好的就餐习惯。所以专门设计了“弧面凹槽”，其内部通过色彩渐变进行目标引导，让孩子产生兴趣，将手探入其中，借此动作将碗捧住！至于可折叠的餐勺则能够将通常直臂的餐勺调小至120°左右，这样可以缩短力臂距离，保证饭菜送入嘴中的过程不会掉落。设想当孩子们干净利落地把饭吃完，无论是桌面上还是嘴角边，都没有残羹留下，就餐习惯也就培养好了。

图 2-15　儿童餐具使用场景

生活中的很多问题就如同孩童就餐的情况一样，我们不一定非要按照常规思路，也可以换个思考的角度，问题反而能被更好地解决。大禹治水不是靠“堵住”，而是采取“疏导”的方式。

作为家长，我们不能把自己的主观想法强加到孩子的身上。但我们可以借助身边已经出现的一些真实现象，吸取经验，加以正确引导。在不破坏人们生活规律的前提下，通过巧妙地再设计，将问题解决。

思考与实践：

1. 现有市场上普遍被人们接受的儿童餐具主要有哪些附加功能？
2. 你认为在孩子进餐的早期阶段是否应主动培养就餐习惯？
3. 本案例所提及的设计方案，是否还存在着可继续改进的细节？
4. 如何让一款儿童餐具设计得更符合实际？大概有哪几方面的要点。

2.3　服装设计的量身定制

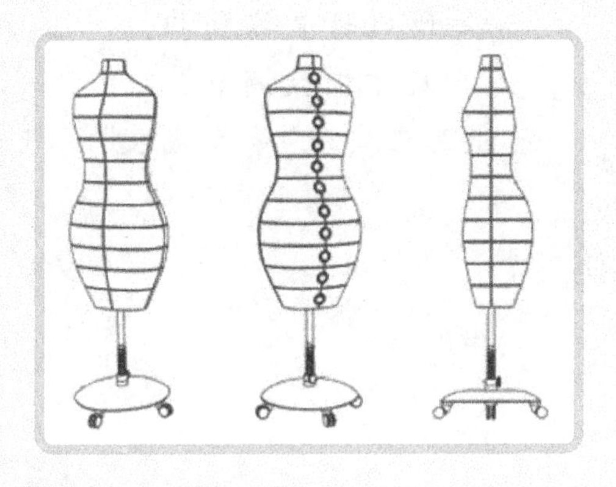

使人台的胸、腹、腰、臀的截面围度，
能够进行整体联动，
尺寸缩放调节，
就能真正实现“量体裁衣”。

服装设计作为产品设计当中非常重要的一类，主要是和人的关系密切。一直以来市场上用于服装设计的人台基本上都是固定规格（如图2-16所示），也许在服装设计领域都早默认这类人台造型。但实际在服装设计制作过程中，借助只有固定规格的人台，经常无法满足高矮胖瘦（如图2-17所示）等非标准体型的服装定制需求。

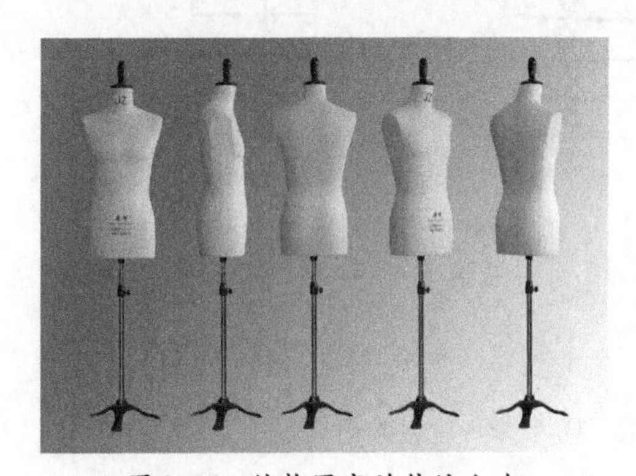

图2-16　结构固定的传统人台

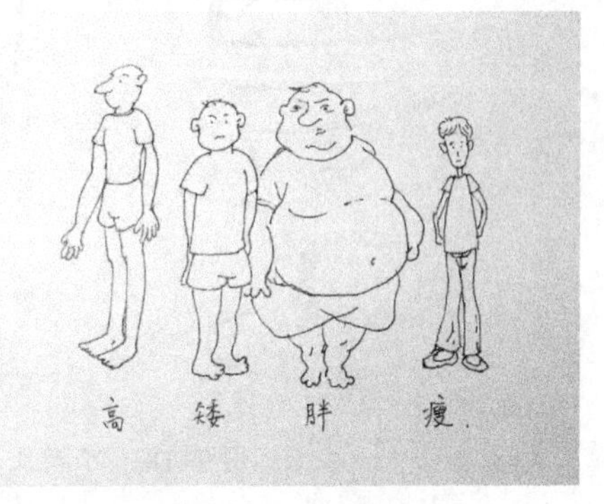

图2-17　高、矮、胖、瘦等各种非标准体型

因此，为广大服装从业人员提供一种可调式且使用方便的新型人台设计，显得尤为重要。本案例正是基于这个目标，通过克服现有技术中存在的痛点问题，提出一套服装设计技术改进方案，即设计出一种结构合理、灵活方便、适用性强的可调式人台结构，它将在很大程度上为人体的胸围、腰围、臀围尺寸以及高矮身材进行调节提供支持。

不管怎样，这样的新型人台首先需要把握三部分结构要素：人台底座、人台主轴杆和人台主体。人台主轴杆的上端与人台主体相连,人台主轴杆的下端与人台底座相连。这是之后设计改良的基础结构,基础造型结构是不能轻易变动的。

以基础造型结构为设计基础,通过增加灵活的辅助连接件,使人台改良能满足尺寸变化的诉求。为了使固定的人台结构能"动"起来,可以考虑化整为零,使之增加可调节活动的可能性。如果能使人台的胸、腹、腰、臀等不同位置的截面围度进行整体联动,尺寸缩放调节,就能真正实现"量体裁衣"。那么具体该采用什么方式实现变化呢?不妨将原本完整一体的人台主体进行切分,即不论纵向还是横向都进行多干等份的切分(如图2-18所示)。

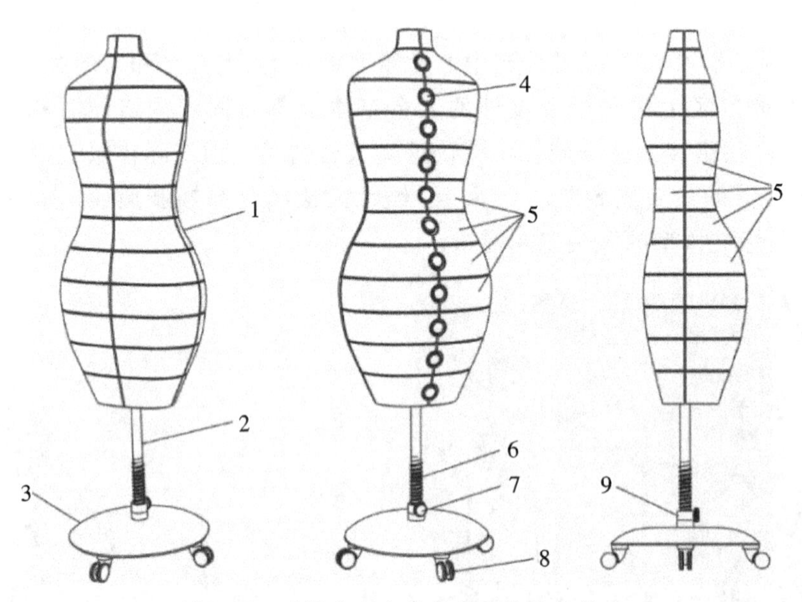

图2-18 可调式人台多角度整体结构展示

再通过连接杆使之连接人台主体与人台主轴杆,即在人台主体内部加入可伸缩的单元模块、转轴把手、伸缩主轴和连接轴等结构(如图2-19所示)。其中转轴把手设置在可伸缩的单元模块上,可伸缩的单元模块通过连接轴相连,连接轴与伸缩主轴相连,伸缩主轴与人台主轴杆相连。通过转动调节阀,调节整体人台结构,使上、下、左、右各方位尺寸发生变化,从而满足根据身材调出相应的人台造型。

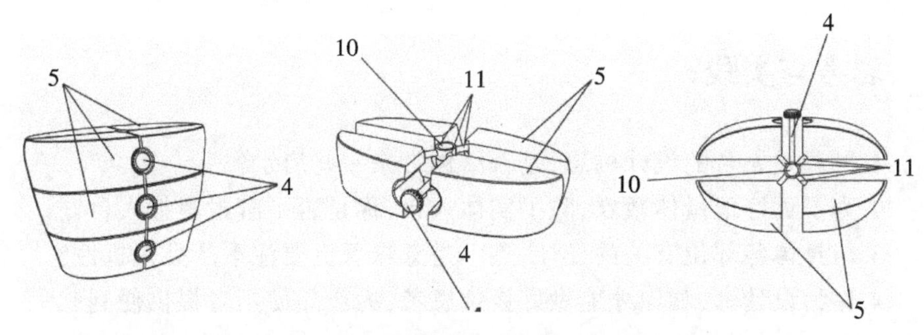

图2-19　可调式伸缩单元模块主要细节结构

本案例图注：

1.人台主体；2.人台主轴杆；3.人台底座；4.转轴把手；5.可伸缩单元模块；6.杆部螺旋结构；7.升降固定把手；8.万向轮；9.升降轴结构；10.伸缩主轴；11.连接轴

通过对原有人台进行技术改进，使新型人台的功能增强，其具备以下几个方面的优势：

首先，本案例中的人台主轴杆上设置有相互匹配的连杆螺旋结构和升降轴结构，该结构还设置有升降固定把手。如此改进，使人台可以通过调档，升降自如。

其次，本案例中的可伸缩单元模块和转轴把手均为多个，依据中心对称原则，进行对称等分切割，使人台各处截面大小可以通过调档，缩放自如。

最后，本案例中的可调式人台结构底盘亦可调节，底部设有万向轮等辅助移动的结构，使人台在搬运过程中，不需要人抬或扛，且人台整体可拆装，更利于装箱运输及维修更换。

这款可调式人台设计能够帮助服装设计师更灵活地使用人台进行服装裁剪设计，较大限度地调节胸、腰、臀纬度尺寸以及高矮比例，满足量体裁衣的定制需求。

我们在进行产品改良及创新设计的时候，很多因素都要综合考虑，比如按主次排序，可以罗列出以下内容：①能解决问题，且很有必要；②操作简单，使用方便；③结构紧凑，功能精炼；④灵活多变，适用性强；⑤价格能够被接受，后续维修耗费小等等。

思考与实践：

1.可调式人台的设计构思，是否给你带来一些启示？
2.为了更好地量体裁衣，除了实体人台，你是否了解过虚拟人台？
3.与身体各部位有关的设计，是不是意味着更要注重产品人机性？
4.作为设计师，如何才能做好换位思考，为产品使用者提供便利？

2.4 厨房刀具的归纳组合

机床主轴上的刀具，
是不是和厨房刀架上的菜刀，
有很大的共性呢？

厨具设计是最贴近我们日常生活的产品设计门类之一，因强调厨房烹饪用具本身的实用性，一直以来人们都非常重视厨具产品的功能。我们不要小看这些锅、碗、瓢、盆，它们加在一起，组成了人类悠久的烹饪历史。每一个器具的出现都有其特殊的意义。我们不可能仅靠一个锅，或者一把刀就做出一桌美味佳肴。厨具往往都会以系列的形式出现，比如以下这些不同型号的菜刀，你能分辨出它们的用途吗？（如图2-20所示）厨具既然分得这么细，我们就应该更仔细地研究厨具的功能区别，并根据功能差别，进行合理使用。

图2-20　厨房使用各种型号的菜刀

同样当设计师在作厨具产品改良设计时，也应该考虑到同系列的产品间的关联。它们既然属于一个系列，那就应该有明显的统一性。以我们平时经常看到的组合菜刀架(如图2-21所示)为例。这种刀架在现代家里的厨房挺常见,它的缺点主要是占用厨房台面的空间,而且从视觉上来看,就带给人一种密集、恐惧之感,给选择性困难的人群也带来很多不便。

图2-21 厨房组合菜刀架

看了那么多刀柄,让我们变换视角,想一想别的产品。比如貌似无关的数控加工机床(如图2-22所示)。机床上的主轴是其主要的功能特点,安装着加工的刀具的主轴可以管理不同的刀具,实现自动换刀。从这一点来看,机床主轴上的刀具是不是和厨房刀架上的菜刀,有很大的共性呢?

图2-22 数控加工中心主轴可自动换刀

根据数控加工中心刀库调用刀头的原理,我们可以发现在一个圆形转盘边缘周围安装着十几把不同型号的刀头(如图2-23所示)。当机床需要加工某个零件时，根据具体加工要求，去选择调用对应的刀具。将需要使用的刀具插入到主轴上，从这一点来看，省去了许多重复换刀及插入步骤的时间。同样也可以将其应用于厨房刀具，通过精简，仅将菜刀刀刃，插入到对应的各刀槽内。待到需要使用某把菜刀时，通过刀柄去调用对应刀槽中的刀刃！接下去继续考虑如何通过刀柄调用刀刃。

图2-23　各种机床的刀库

从产品设计配套统一的原则考虑，不同型号的菜刀分别搭配着不同型号的刀柄（如图2-24所示）。但是在实际操作过程中并不一定这样。刀柄造型及体量关系，只需满足使用者手持刀柄的舒适度，以及用力效果。换言之，其实刀柄的造型只要令使用者在烹饪过程用得趁手方便即可，外观造型不需要有过多的装饰变化。基于这样的前提，我们完全可以将刀柄尽量设计得趋向于一种通用的造型，甚至可以使用同一个刀柄。采用通用的刀柄之后，就能实现像数控机床那样换刀的目标了。

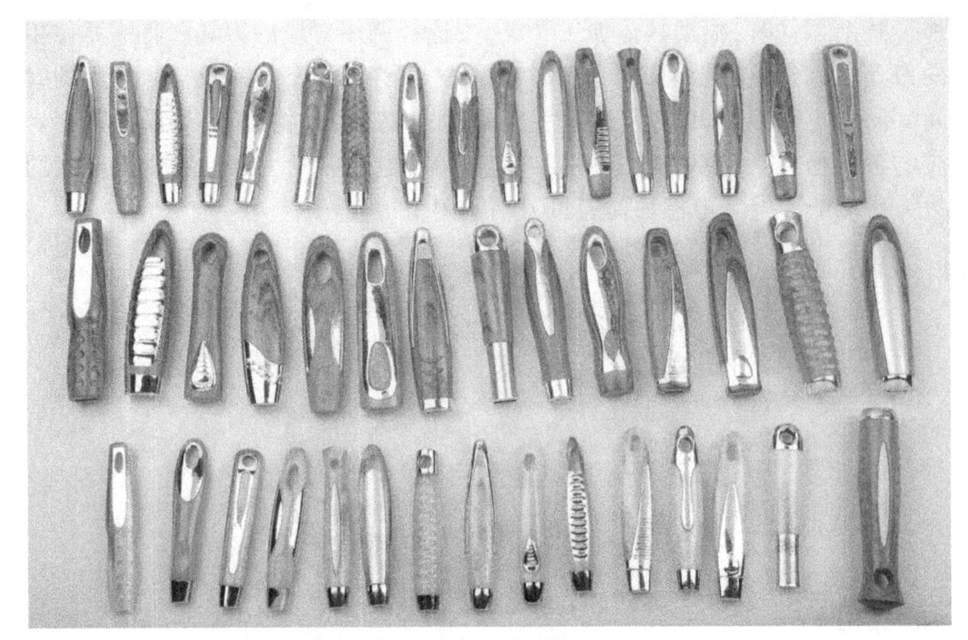

图 2-24　各种型号的菜刀刀柄

笔者基于本案例提出的产品需求，设计出一款刀具组合（如图 2-25 所示）。在传统刀架结构基础上，作了多处改进，使得刀柄能与刀头分离，一柄配多刀。通用刀柄可连接各个型号的刀刃，通过刀槽外侧卡扣结构锁住刀刃，同时按压刀柄还可调整刀槽的倾斜角度，便于抽出整刀。还能在厨刀用完后，通过按下刀柄末端按钮，使连接刀刃的卡扣松开，从而卸下刀刃，进而再选用别刀。

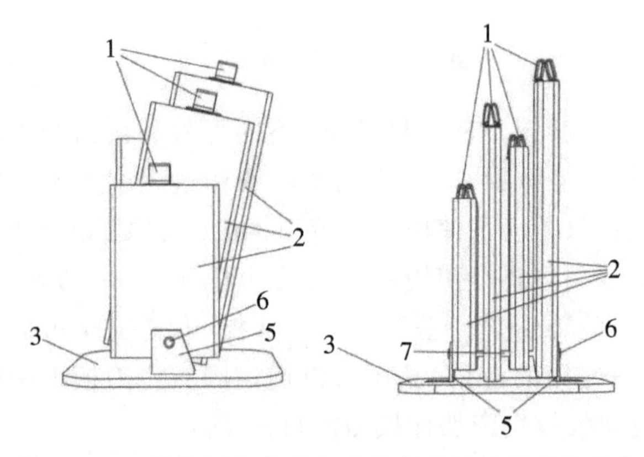

图 2-25　可调整倾斜角度及反复调用刀刃的刀具组合

当烹饪过程中,需要先后使用砍骨刀和小厨刀,只需先将通用刀柄先插入砍骨刀的刀槽中,卡扣结构使刀柄与刀刃连接。调用并锁紧整刀后,向下按压刀槽,使其受力后倾斜角度改变,握住刀柄拔出砍骨刀即可。待砍骨刀使用完毕后,将刀插回对应刀槽内,然后按住刀柄末端按钮卸下刀刃,继续重复之前的方法,调用小厨刀。这款可调角度及替换刀刃的刀具组合(如图2-26所示),相较传统刀架,取用更为舒适便捷,并且进一步节省厨房台面空间,刀具使用完后也更加方便清洁,使切割过各种食材的刀刃能更好地分开使用,食材处理过程井然有序,安全卫生。

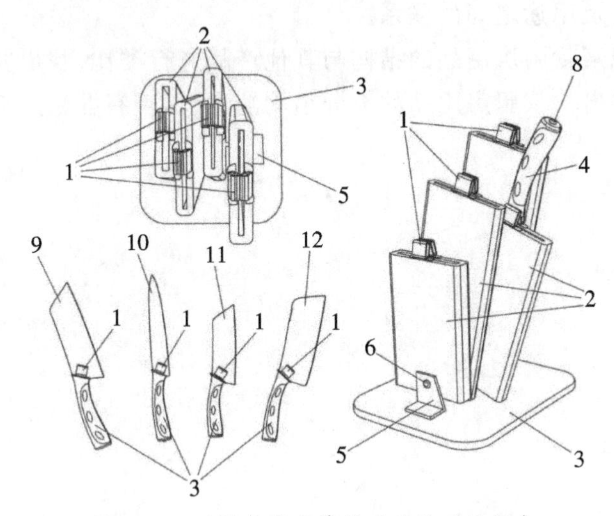

图2-26　可调角度及替换刀刃的刀具组合

本案例图注:

1.刀柄卡扣;2.刀槽;3.刀架基座;4.通用刀柄;5.基座支撑;6.调角度转轴;7.连接轴;8.卸刀按钮;9.切片刀;10.水果刀;11.小厨刀;12.砍骨刀

我们在对较为成熟的产品重新改良设计的时候,应努力寻找与其使用原理有一定类比性的功能结构,借鉴它们的功能优势,再回过来对现有产品进行改进,提升使用效率。

在产品改良过程中,始终要把握整体使用可行性,按主次关系明确先做什么后做什么。比如:①目前的产品各部分结构是否还存在缺陷,是否有改进的可能?②如此改进的依据是什么?人们是否能够认可?③改进之后,使用起来是否更方便?加工生产难度会不会增加?④从产品美学角度而言，改进是否符合大众审美？等这些问题都考虑清楚了，再进行改良，一定会比草率而行要少走弯路。

思考与实践：

1. 尝试将一款你所熟知的厨房用品进行结构分析，说出其主要的结构与功能及用途之间的联系。
2. 尝试把某款厨房用品的结构与其他产品进行类比，找出共性。
3. 尝试找出一款厨房用品的部分结构缺点，是否有办法进行改良。

2.5 婴儿测重的鼎立支持

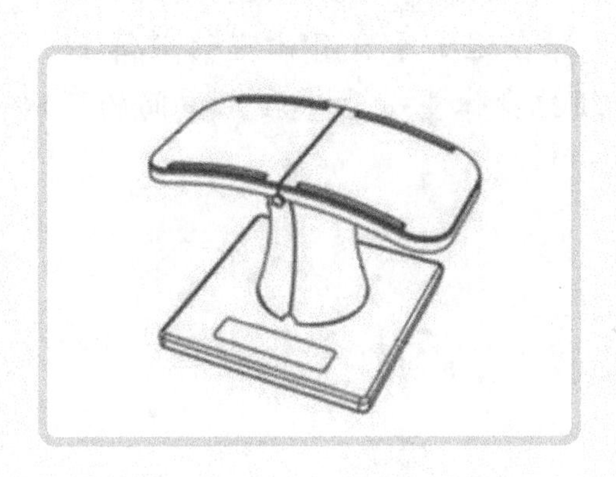

大象粗壮的四肢要离地，
踩在远小于自身体型的滚筒上，
则必须把身体重心集中在正中间的区域……

当每个年轻家庭，诞生了可爱的新成员，全家人的心情肯定非常愉悦，家庭氛围其乐融融。但开心的背后，总是伴随着生养子女带来的辛酸。生活的方方面面都会让人操心，比如小宝宝成长进度达标吗？具体到睡眠或者吃奶是不是定时定量？从出生到周岁这个阶段的身高和体重尤为关键，有时候宝宝的身体状况到底怎么样，似乎还得等到社区检查的日子，才能得到“标准答案”，原因是那边有专业的婴幼儿身高体重测量台（如图2-27所示）及各种器械设备。确实普通人的家里一般不会特意购买医院才有的医学设备，因为它们往往价格高昂，且体积较大，使用频率及时段也十分有限。

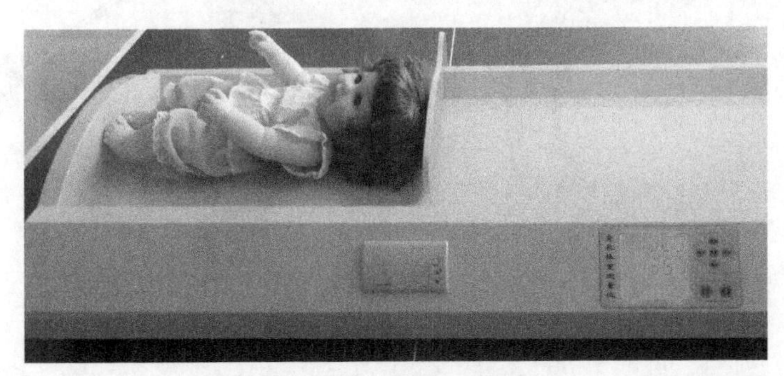

图2-27　婴幼儿身高体重测量台

但这些条件限制，无法阻挡现代家长对孩子成长的关注与用心。而且中国家长尤其具备在没有条件的情况下，也要创造条件的能力。比如采用替代产品去满足需求，在电子秤上加托盘（如图2-28所示）就能满足初生婴儿的体重测量需求。但这种秤无法满足随着宝宝不断长大，以至于超过测重上限后的测量需求。

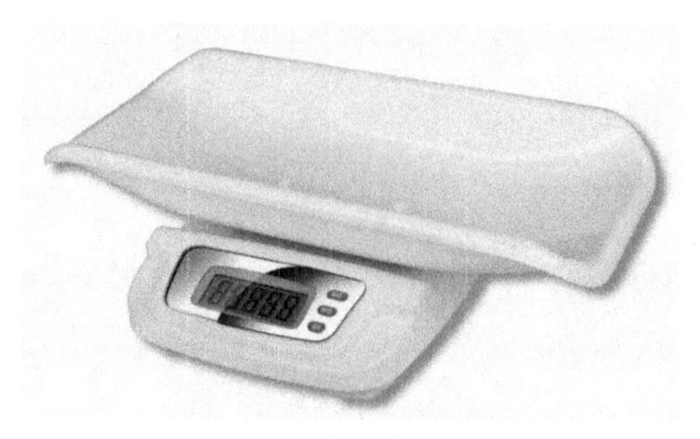

图 2-28　具有托盘的电子秤

既然我们无法直接通过某个产品达到目的，那不妨换一种思路，让产品使用过程的步骤增加一步，避免只有等待而无计可施的窘境。首先选定一款普适性较高的电子秤（如图 2-29 所示）。它的体积小，价格也不贵，便于收纳，几乎家家户户都能购买长期使用。不论什么样的身材，一般都能测量体重。

选定了家用健康秤作为测重基础设备后，进一步考虑如何增加某种辅助测重配件，解决婴幼儿的测重难题。

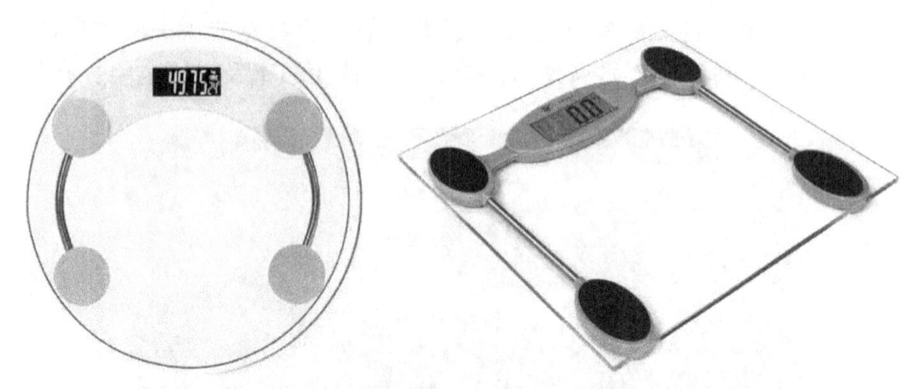

图 2-29　家用健康秤

有了秤作为测重基础设备后，如何把握当所称之物的横截面（横躺）大于秤面的情况呢？不妨让我们联想生活中曾出现过的画面，比如大象表演（如图 2-30 所示）。象粗壮的四肢要离地，踩在远小于自身体型的滚筒上，则必须把身体重心集中在正中的一块区域，进而保持平衡，进行滚筒表演。因此，我们借鉴这个方法，只要把握物体重心，设计出一种类似收缩后的象腿那样的辅助支撑物即可。

图2-30 大象表演平衡站立

借鉴了上述这种可以保持重心的辅助支撑结构，笔者提出一种婴幼儿体重测量支撑台（如图2-31所示）的方案构想。产品造型大致为上大下小的类似于古代“鼎”的结构，使其盛放物体能保持平衡，也能满足当所称物横截面大于底部秤面情况下的测重需求。在婴幼儿成长过程中还无法自行站立称重的状况下，采用趴或躺卧的姿势，在支撑台上测重。

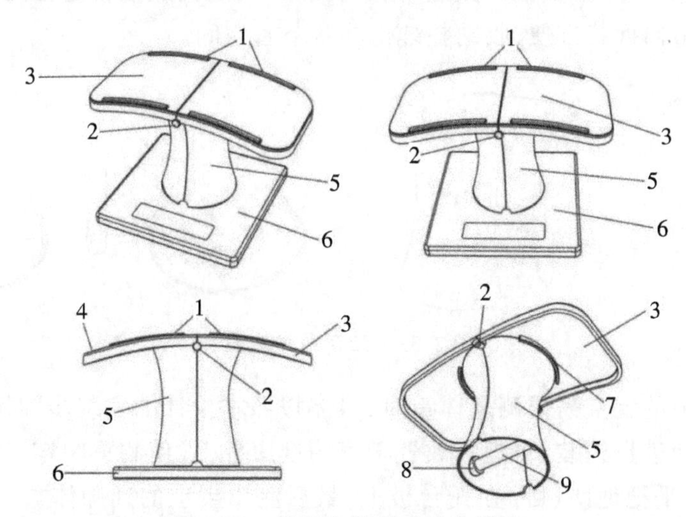

图2-31 婴幼儿体重测量支撑台

本案例图注：

1.护条；2.开合转轴；3.托台板；4.托台护垫；5.基座支撑；6.电子秤；7.托台底部卡槽；8.基座插口结构；9.卡扣支柱

为保证宝宝能够被平稳地放置于托台上，在这个设计方案的顶部设计成弧面的托台板（如图2-32所示）。表面覆盖柔软护垫的托台板，通过中部位置两侧转轴进行伸展撑开或折叠收拢。这种灵活的折叠方式可以便于收纳。托台的底部位置还有弧形卡槽，专门用来固定住下面的支撑基座，保证整体结构稳定。

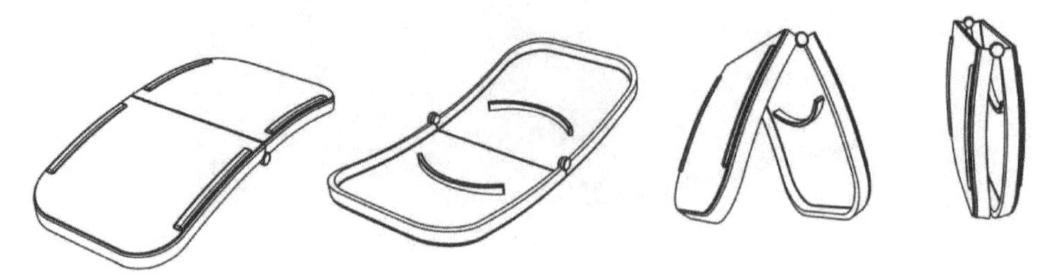

图2-32　弧面托台板

支撑基座采用喇叭口的曲面造型，柱体上下两端直径较大，中部收腰较小。这种造型相比普通圆柱体的重心更稳定，不易因受到侧向力的作用而倾倒。支撑基座（如图2-33所示）分为左右对称可拆分的结构，通过一根卡扣支柱，将其两头分别插入基座对应的插口中，起到加强稳定性的作用。支撑基座的结构拆装方便，收纳整理也非常节省空间。

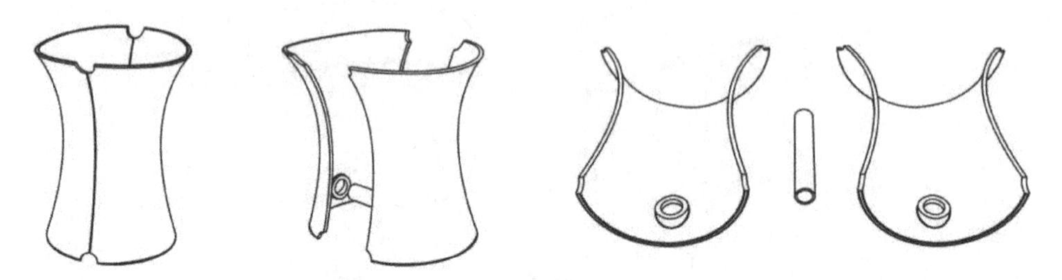

图2-33　托台支撑基座

当家中的宝宝需要测量体重时，只需按照本设计的安装步骤操作：先将测重支撑台进行组装，再把它放置于家用健康秤上（使测重归零），随后把宝宝抱起来，平稳地趴（卧）在托台板上，最后测出宝宝的准确体重（如图2-34所示）。相信有了这个产品，家长们就不用担心宝宝的测重问题了。从此告别过去那种要人抱着宝宝称重，然后算重量差值的传统方法。采用支撑台测重后，家长们可以随时掌握宝宝的成长情况。

产品设计归根结底是为人们的需求服务的，这才是设计的本质。

所以在设计以先，并不应该以展现所谓的高科技手段为首要目标。我们还是要从实际需求的角度出发，用最真实有效的方法，解决生活中大大小小的具体问题。

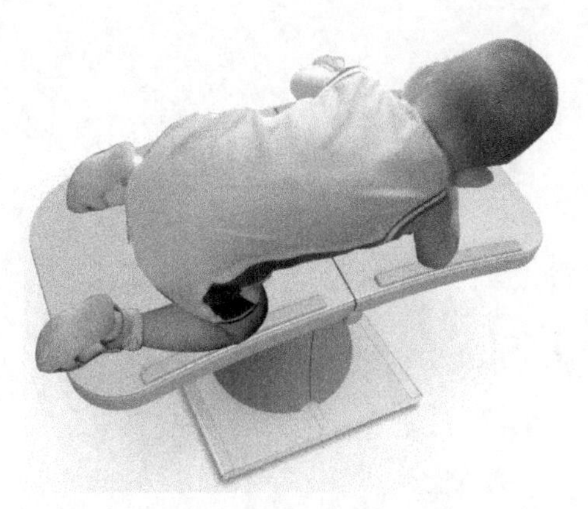

图2-34　托台测重使用演示

思考与实践：

1. 在这个为婴幼儿称重的设计案例中，你得到了哪些启发？
2. 当你遇到为特定人群设计的任务时，怎样才能更快抓准要害？
3. 尝试将一款你熟悉的日用产品可实现功能延伸的点记录下来。
4. 尝试为一款常规的产品，设计一个专门在特殊情况下使用的配件。

第3章 CHAPTER 3

创意思考概念提炼篇

在不断变化发展的社会环境中,我们的生活每天都会遇到新问题。而那些重复出现的问题,正是设计师要认真研究的焦点。因为最终解决问题的结果是开发出相应产品,而产品改良又离不开创新设计,所以“解铃还须系铃人”。遇到新问题,设计师应该更新理念,并把创意形成设计方案。

3.1　眼镜结构的化整为零

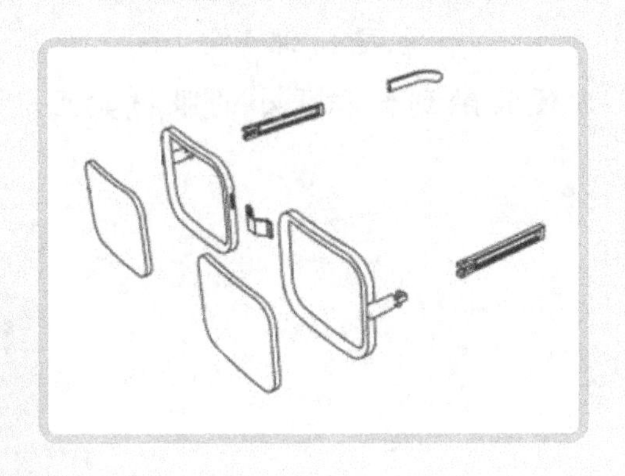

眼镜最大程度折叠后，
体积变得非常小，
方便收纳到体积更小的眼镜盒里。

目前，在产品的研发和制造中，往往比较注重对产品外形的美化设计，比较缺乏对产品本身功能及结构进行改良。比如眼镜这类大众产品，就缺乏对其功能的优化设计。

纵观目前市场上的眼镜产品，从造型结构产生的功能来讲，主要存在如下缺点：

1.整体固定的结构存在许多结构死角位置，所以很容易藏污纳垢，清洗起来也很不方便；无法将其完全收缩，体积还是较大；收纳不方便，放在包中主体框架易被折断（如图3-1所示）；

2.眼镜框部分的结构本身并不能进行较大幅度折叠，所以当佩戴时，由于使用过程受力挤压后，会使镜框不规则且不对称地发生局部形变，如果自行通过掰、扭、弯折等动作调整后还是会影响佩戴舒适度，且框架结构反复调整容易损坏；

图3-1　镜框受力挤压容易碎坏

3.整体式的眼镜框架结构，无法实现拆卸分离式，眼镜框架拆装很不方便，某个部位损坏，则需要将与之相连的整个部分配件全都替换掉（如图3-2所示）。

图3-2　常规眼镜结构无法完全折叠拆分

基于上述缺点，本案例希望从眼镜佩戴及折叠收纳的角度进行功能优化调整，引导设计思考通过对结构改良实现更高的产品创新。设计思考的过程能够形成宝贵的文字材料，为之后的申请专利作铺垫，通过知识产权对设计成果加以保护。（下文就将采用类似撰写专利的表述方式进行举例说明。）

从实用新型的技术特点角度而言，本设计可提供一种具有可折叠、收纳方便、易清洗等多方面特点的可拆卸式眼镜结构。为达到所述技术特点，涉及的相关结构改良设计将通过以下技术方案实现：

一种可拆卸式眼镜结构，主要包括两个带有单片镜片的镜框以及连接在两个单片镜框外侧两端的独立镜腿。其中所述的独立镜腿主要包括前杆、中杆、镜托等几个部分配件，而其中前杆一端与镜框连接，另一端与中杆一端铰接，所述中杆内开设有滑槽，使镜托一端可嵌入在滑槽内进行伸缩调节滑动；所述镜框包括右镜框、左镜框，在右镜框、左镜框之间连接着可拆卸的鼻托结构（如图3-3、图3-4所示）。

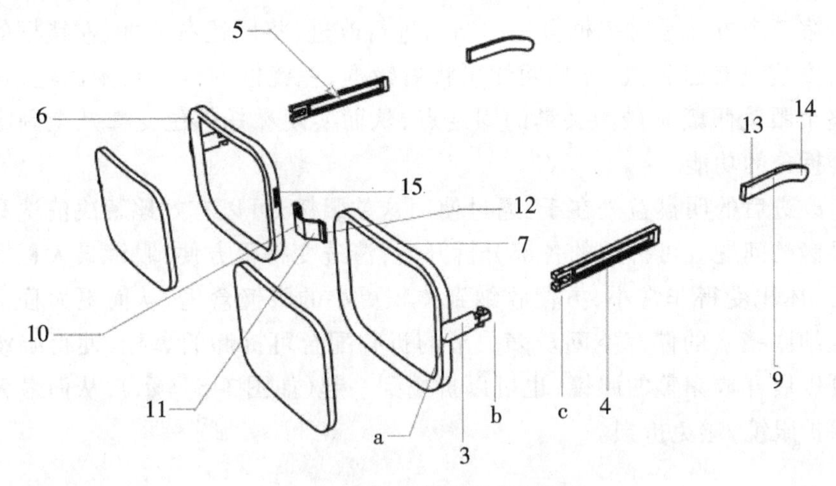

图 3-3　可拆卸式眼镜拆解结构

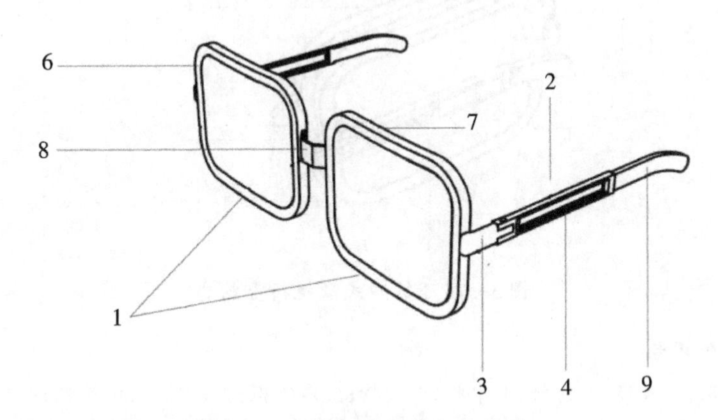

图 3-4　可拆卸式眼镜组合状态

可拆卸式眼镜结构的改进之处,主要从三个方面体现:

第一个方面是对镜托架杆的滑槽结构进行改进,其主要结构包括笔直杆和弯曲杆,这两个部件其实是一体成型,笔直杆的侧面位置上设一个凸点,且滑槽内设有若干子槽,滑动笔直杆,凸点配合卡紧对应子槽,从而实现伸缩调档功能。

第二个方面是对镜托架杆的连接结构进行改进,将所述前杆一端切割形成有T形端头,中杆一端开设有U形叉口,T形端头与U形叉口大小相适配,T形端头伸进U形叉口内,贯穿T形端头、U形叉口穿设有转轴,从而实现支撑固定及折叠功能。

第三个方面是对镜框鼻托的结构进行改进，将所述右镜框、左镜框的卡槽内安装设有强磁铁，鼻托两侧可将右镜框、左镜框的卡槽吸附固定，这也是整个眼镜佩戴时最为关键的固定点，从而实现鼻托部位支撑及全副眼镜完全拆分的功能。

改进后的明显益处在于：通过使用这款眼镜，可以有效地解决清洗和保护眼镜的问题。可拆解的各部分拆开后，清洗变得很方便，眼镜最大程度折叠后，体积变得非常小，方便收纳到体积更小的眼镜盒里，从而更大程度节省收纳眼镜盒的储存空间。多关节的折叠配合可拆卸的鼻托，使得眼镜框既可以展开成完整的眼镜，也可以折叠到一起（如图3-5所示），从而最大程度保护眼镜，避免折损。

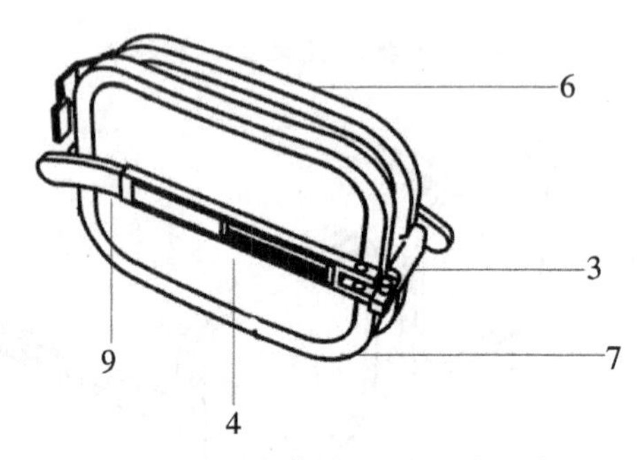

图3-5　可拆卸式眼镜折叠状态

本案例图注

1. 镜框；2. 镜腿；3. 前杆；4. 中杆；5. 滑槽；6. 右镜框；7. 左镜框；8. 鼻托；9. 镜托；10. 一号板；11. 二号板；12. 三号板；13. 笔直杆；14. 弯曲杆；15. 卡槽；a. 前杆一端；b. 前杆另一端；c. 中杆一端

根据清洁卫生需要，还可以将眼镜拆成一个个小部件，拆卸和清洗方便、透彻、清晰明确。当眼镜其中某个零部件发生损坏的情况时，也根本不用担心整体维修的问题，仅仅需要更换其中受损的某个小小的部件就可以了，更节省时间，节约资源，降低维护成本。类似这样的折叠设计还有很多，比如骑行爱好者非常熟悉的公路折叠自行车就是如此，通过对产品本身的功能及其结构进行改良设计，达到结构与功能性双提升的理想效果！

思考与实践：

1. 眼镜若是要拆分结构，哪些部分不能拆？哪些可以拆？怎样去拆？
2. 为什么要将眼镜不断折叠缩小体积？这样做的好处有哪些？
3. 尝试将一款你熟悉的日用产品的主要结构进行合理拆分。
4. 尝试为一款文具进行结构设计，改良使其可折叠或更好地收纳。

3.2 汽修工具的功能延伸

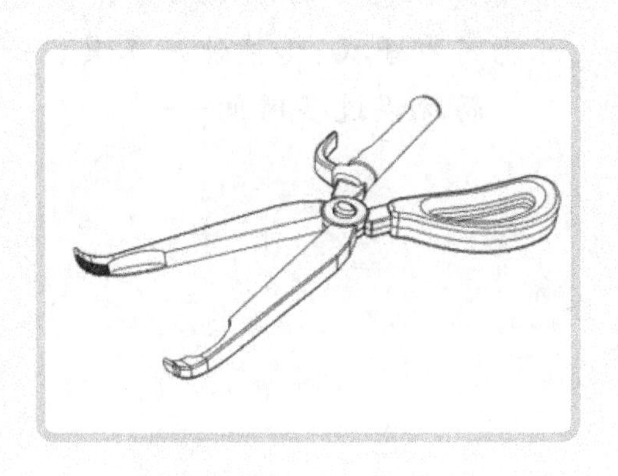

原本很简单的维修任务，
可能因为寻找、转换使用工具，
而耽误过多时间……

当人们在生活中遇到紧急状况时，往往会尽其所能努力解决。在这种状态下，不管是不是干专业本行，人的潜能都能帮助解决很多看似有难度的问题。所以换句话说，人人都有成为设计师的潜能，就看是否愿意主动思考，把有创造性的想法提出来，并试着做些尝试，践行思路。

举个日常生活中的例子，现在只要是成年人基本都有可能要考驾照，学会开车也几乎成为生活中不可缺少的一部分。汽车开在路上，总会出现各种故障：被石子卡住胎缝、被钉子扎了（如图3-6所示）、胎压异常等等。遇到此类情况，通常人们面对汽车临时故障，往往会先看看能不能自己解决，搞不定就寻求道路救援，找人处理肯定代价较大。其实对汽修稍微有点懂行的人，使用一些简单的工具，就能应付常见的突发状况了。

图3-6 车胎石子缝卡、钉子扎破车胎

通常情况下，汽车轮胎检修过程中对应不同的问题，寻找不同的工具进行处理，比如用老虎钳去钉子，用清石钩去石子（如图3-7所示）。但问题多了就要反复处理，原本很简单的维修任务，可能因为寻找、转换使用工具而耽误过多时间，甚至影响车辆维修进度。

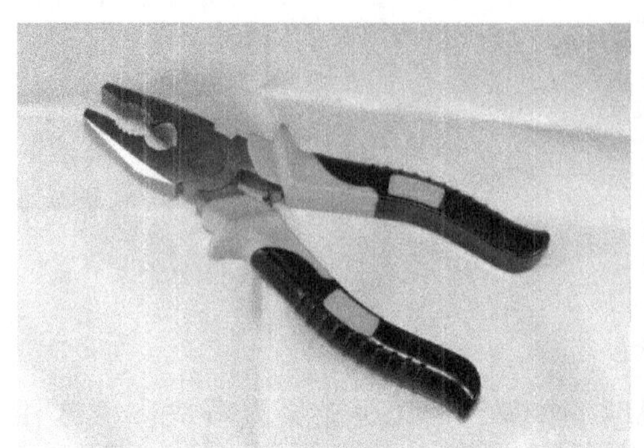

图3-7　老虎钳与清石钩

有时我们只是想要大致了解一下，比如车胎磨损的情况，看看是不是要更换新轮胎。肯定不会用到专业测量仪器（如图3-8所示）。因此，设计一种结构简单合理，操作方便，功能齐全，提高维修效率的辅助检修工具，显得很有必要。

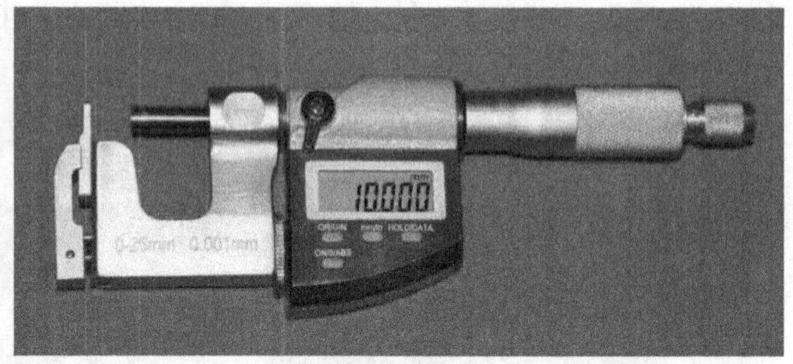

图3-8　车胎磨损情况及测量壁厚仪器

设计首先要目标明确。本案例的设计目标是克服现有汽修工具功能单一的不足，设计可更便捷地进行多用途轮胎检修操作工具。

目标确定之后，继续把设计关键要点具体化，然后进行集中解决。作为“多用途”的轮胎检修工具，应该基于钳子、钩子、测量仪以及夜间照明用的手电（如图3-9所示）等重要检修步骤的工具进行功能整合，以弥补工具功能单一的短板。汽修工具中的功能结构主要包括了把手结构、钳臂结构、弯钩结构和测量及照明等。

图 3-9　夜间检测车胎和手电照明

功能之间的组合，并不是简单的叠加，而应当有条理、有倾向性地取舍，达到1+1>2的效果。本设计方案使用杠杆原理，将手柄、把手与钳臂结构之间通过中部轴交叉相连，然后其上的弯钩结构、锯齿结构、照明开关、电筒灯珠、弧形护手和夹口结构（如图3-10所示）等细节各按其类，在不同位置结点有序创建。组合后的巧妙之处在于，钳臂上设置诸如弯钩、锯齿以及测量基准等功能，都基于钳嘴端不同位置交错使用，彼此互不影响且省时省力。除此之外，手柄内设有为照明供电的电源，在手柄一侧设置照明开关，中轴上端设有电筒灯珠，即便是在黑夜里，将光束越过钳嘴照射到故障处，仍然可以从容地进行车胎检修。

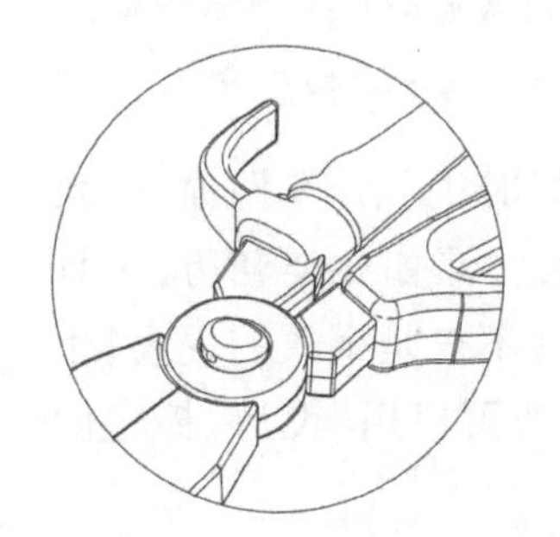

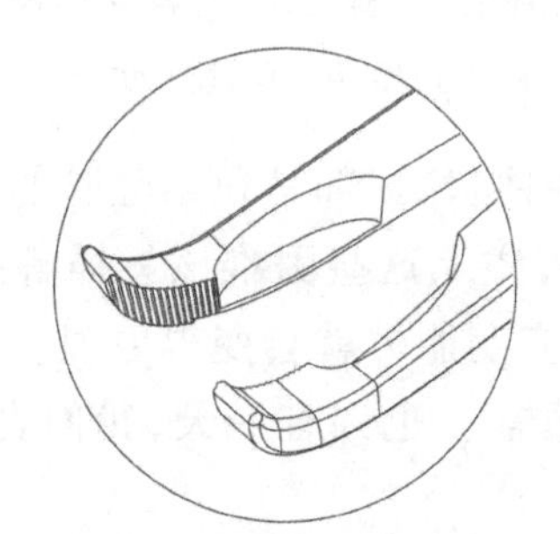

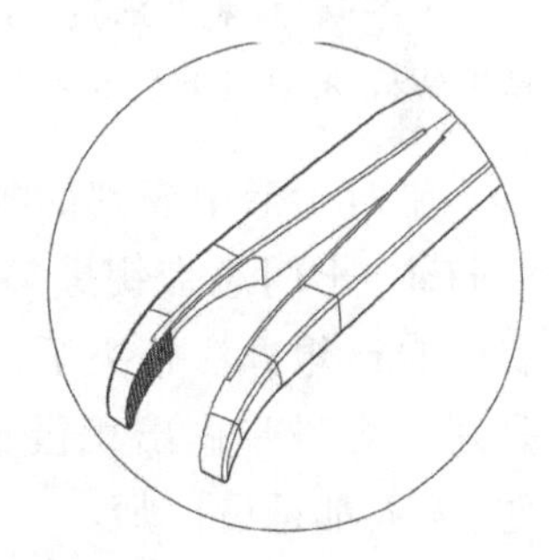

图 3-10　照明、钳、夹及测量等功能细节

这个设计使本该具有连续性的各种检修动作，重新组合完善。

改良之后，只用一个工具就能轻松搞定胎缝中石子、插入胎中的钉子、小铁片、胎壁磨损以及光线过暗等问题（如图3-11所示）。维修人员将在工具的帮助下，快速、全面地检修轮胎。相比原先只靠某个工具无法完成的情况，现在能大大提高效率，并且有舒适协调的操作体验。

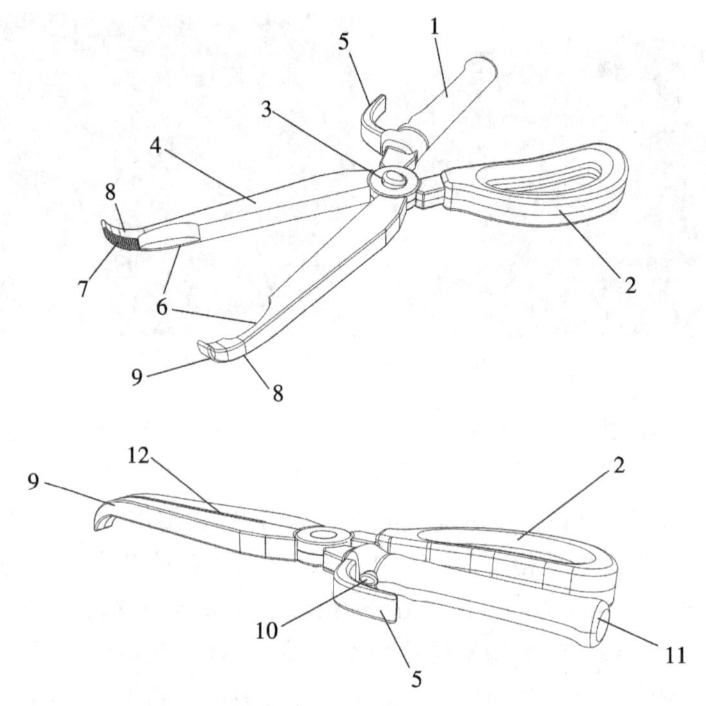

图 3-11　多用途检修工具的功能细节

本案例图注：

1. 手柄（可载电池）；2. 把手；3. 电筒灯珠；4. 钳臂结构；5. 弧形护手；6. 夹口结构；7. 锯齿结构；8. 磨损测量参考线；9. 弯钩结构；10. 照明开关；11. 电池盖；12. 切口槽

平时生活中遇到的各种状况，都是积累经验的好时机。开车抛锚、下雨没打伞、出门忘带钥匙等，碰上这些困难该怎样解决？诸如此类经历，一旦我们自己想办法解决了，应变能力就会变得更强。这不仅是个人的提高，也是对社会进步做出积极贡献。也许有一天，我们真的可以用“设计”搞定问题，人人都是设计师。

思考与实践：

1. 在人类早期原始的状态下出现的各种工具，是基于哪些目的？
2. 为什么工具的造型和结构一直在变化？促使其改良的原因是什么？
3. 收集你在日常生活中遇到的工具使用不便的情况，逐一记录。
4. 尝试为一种具有一定难度（需要多步骤解决）的维修任务，设计一种解决维修或日常问题的新工具。

3.3 身体状态的理疗改善

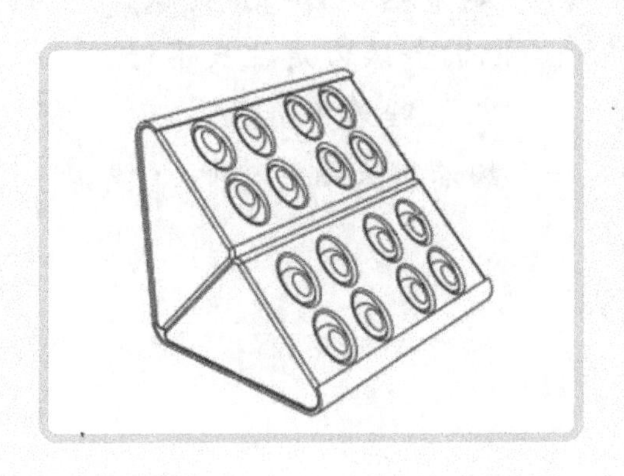

越来越多的人会失眠，
他们会认为是枕头不好，
睡着不舒服，
翻来覆去辗转难眠……

在现代快节奏的生活模式下，我们所处的环境和过去发生了太大的变化。虽然医疗水平提高了，但很遗憾，现代人们的身体素质似乎没有变得更好，反而可能更差了。我们常常忽略对身体进行健康管理。其实“管理”并不是很难，我们只需在平时把作息节奏进行一些调整，特别是一些细节上的改变，就能轻松达到对身体理疗改善的效果。我们小时候就注意读书写字要保持正确姿势，讲到“一拳、一尺、一寸”。这个尺寸规定可以帮助我们保持持久的学习状态，对眼睛、颈椎以及腰椎等各部位都有良好的保健作用。所以作为设计师的我们，不能盲目地开发出各种理疗产品，而是应该引导人们进行合理调整，设计简单实用的器具辅助人们理疗改善。

睡眠问题是现代人群生活中经常遇到的主要健康问题。越来越多的人会失眠，他们会认为是枕头不好，睡着不舒服，翻来覆去，辗转难眠，十分痛苦（如图3-12所示）。其实他们是忽略了自身颈椎问题。

图3-12　颈椎不适引起睡眠质量不佳

失眠患者希望自己的枕头不仅能够满足变换高度的需求，还能在角度和方向上随着自己的心意进行变动调整。从人的生理特点来讲，这类需求是非常合理的，因为每个人的生理特征都有个体差别。同样一款枕头，是不能完全适用所有人的。所以才会有那么多人“认枕头”，甚至外出住宿还要随身携带自己的专属枕头。基于这个情况，笔者团队设计了一款可以调节高度及角度的枕头（如图3-13所示）。它具有可调式层叠结构（如图3-14所示），可以满足人们个体化的枕靠需求。在设计中尽量避免使用繁琐的颈部理疗设备，只是简单通过优化结构，辅助睡眠过程自然理疗。

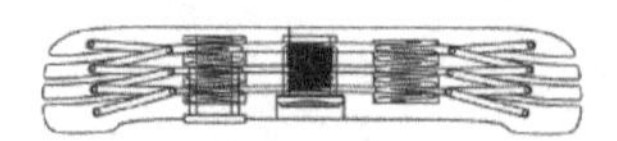
枕头初始状态

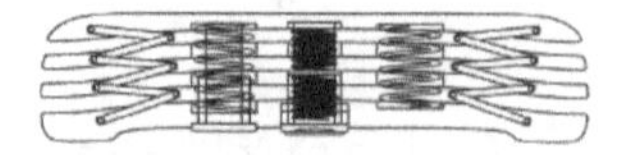
枕头调高状态

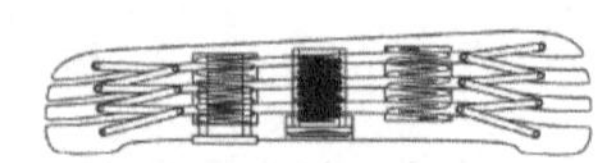
角度调节状态

图3-13 可以调节高度及角度的枕头

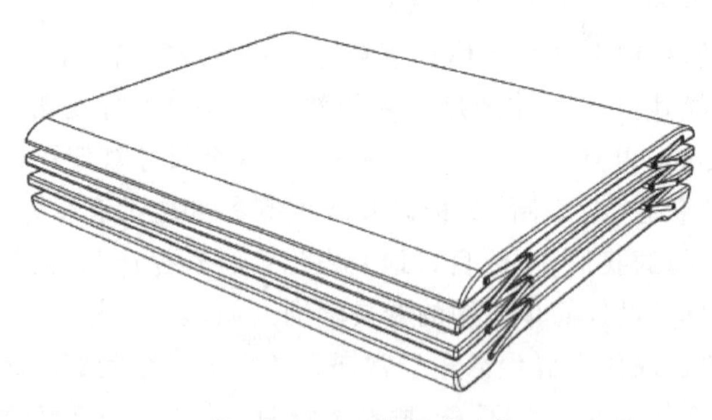

图3-14 可调式层叠结构

除了颈椎问题之外，人们还有腰椎问题，这通常和坐姿有关。由于久坐及不正确的坐姿影响，人的腰椎也经常出现各种的酸痛及不适。市场上已有不少的腰部按摩理疗器械，效果也挺不错，但经常受使用场地局限。如果从平时坐姿状态改善入手，使用必要的辅助器具，及时调整，也许可以帮助腰椎恢复健康。笔者团队设计了一款可按摩腰部的座椅腰垫设计（如图3-15所示），通过平时坐着往下靠的时候，根据压力效果，腰靠内记忆海绵垫受力收缩，慢慢露出其内的按摩头，达到相应力度的腰部按摩效果。

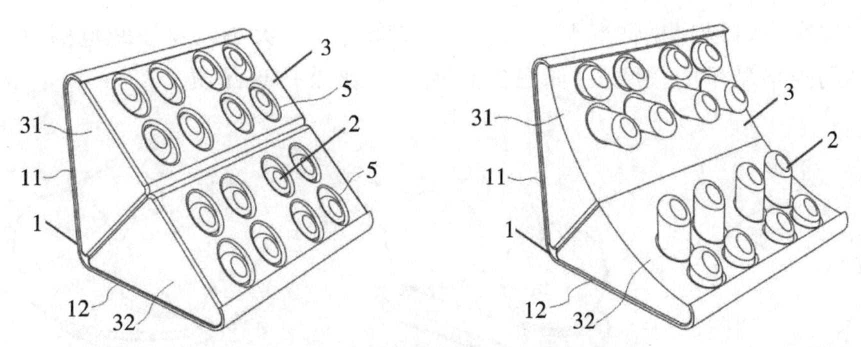

图3-15　一种可按摩腰部的座椅靠垫设计

本案例图注：

1.支撑底座;2.按摩头;3.靠垫;5.开孔;11.支撑背部;12.支撑底部;31.靠垫一;32.靠垫二

经常按摩推拿的人都知道,经常按摩人的穴位经络,可以达到理疗保健的效果。接下去要讲的这种按摩方式估计鲜为人知——原始点疗法。原始点位于人体背部脊椎两侧的凹槽处,从上到下按摩各个位置的原始点,可以辅助理疗背部映射身体前侧的器官,如心脏、肝、肾等五脏六腑。甚至还能通过按摩起始点,达到四肢百体末梢处的理疗功效。有临床证明,原始点按摩疗法甚至可以辅助治疗癌症等重大疾病。原始点疗法也受客观条件制约,通常需要一名按摩师进行按摩,自己一个人的时候很难自己理疗。基于这种困惑,笔者团队又设计出一种原始点按摩器(如图3-16所示):只需躺卧或靠墙,把它放于身下对应穴位,然后靠身体挪动按压,就能进行自主按摩理疗。在按摩器的下端设有可调式底座,上端设有摇杆按摩头。人们可以根据自己的按摩需求和受力程度,进行按摩调节。通过靠压按摩器的方式,进行背部原始点穴位按摩,根据轻重缓急用力情况达到适合的效果。

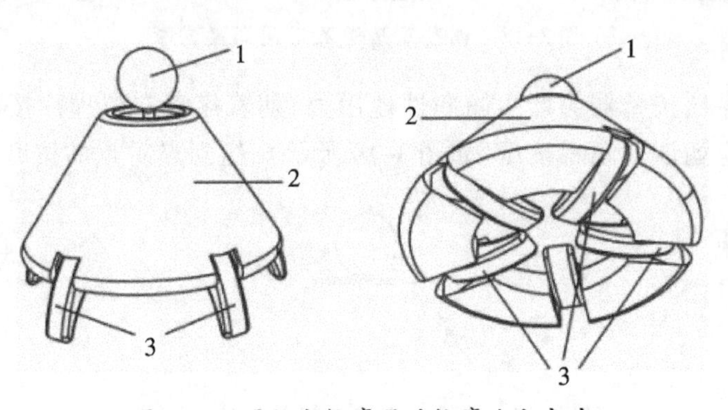

图3-16　原始点按摩器的按摩头和底座

按摩头可以根据情况调节，比如要按摩的穴位大小以及按摩范围，可替换不同规格型号的按摩头（如图3-17所示），细节体现品质。

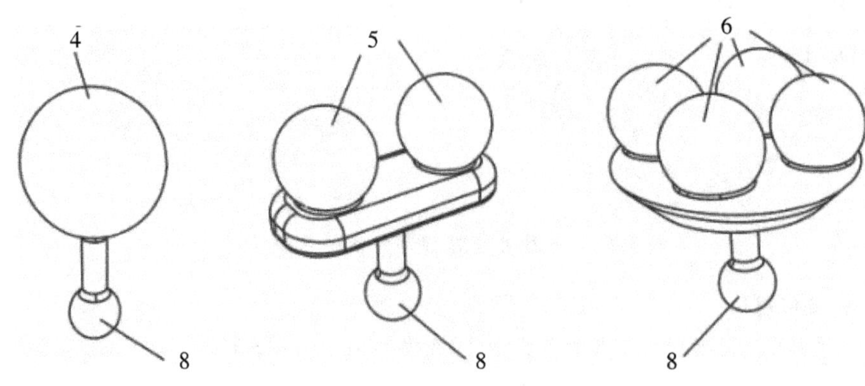

图3-17　三种规格的按摩头

本案例图注：

1. 按摩头；2. 按摩器主体；3. 基座支撑脚；4. 单按摩头；5. 双按摩头；6. 多按摩头；8. 按摩头插头

通过向内收拢，向外展开的方式调整基座高度（如图3-18所示），使按摩器的高度可变，从而达到调节按摩力度的效果。

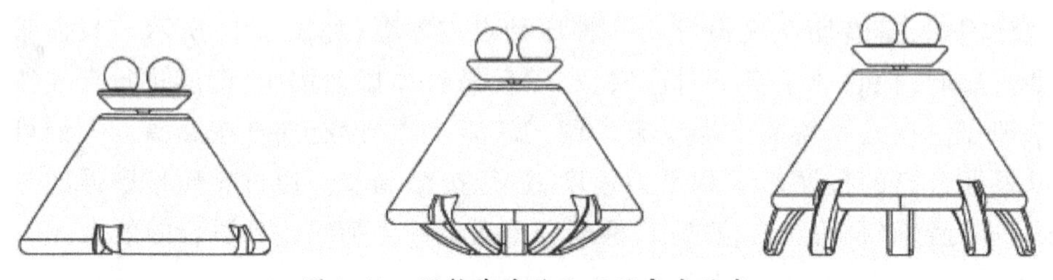
图3-18　调整基座满足不同高度需求

背部靠压按摩器会产生倾向性地用力，朝着疼痛穴位理疗按摩，使摇杆按摩头对应朝该处倾斜按压（如图3-19所示），达到点对点的按摩功效。

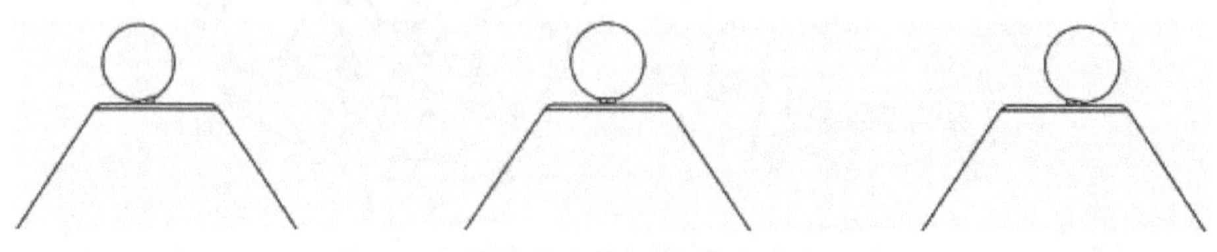
图3-19　根据受力情况按摩头对应运动

从康复理疗保健的角度来谈设计，虽然设计师不一定精通医术，但也不影响他从产品设计专业的角度观察事物、解决问题。并且，只有把握住身体损伤与理疗的关键点，进而采取切实有效的方法去改善现状，就一定能设计出有价值的理疗产品。

思考与实践：

1. 身体出现的各种疾病症状是否与日常作息下的各种姿势有关？
2. 人们主动选择购买按摩理疗产品时，会出现哪些误区？
3. 尝试对一款你较为熟悉的产品，说明它的主要功能与真实效果。
4. 将同用途的几款产品进行比较，分析它们各自的优、缺点。

3.4　亲子共眠的氛围营造

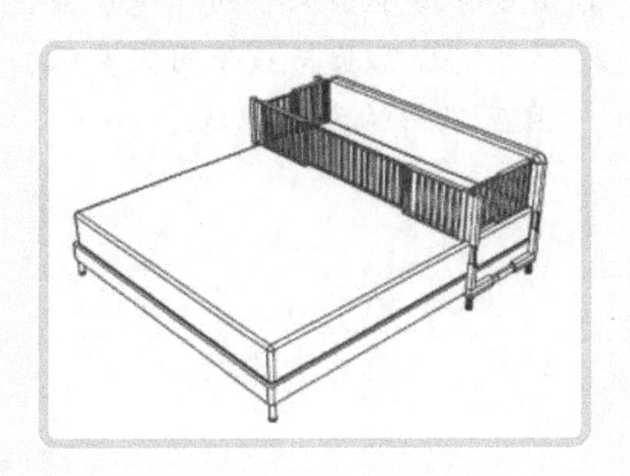

为孩童营造了小床般的环境氛围，
同样可实现家长与孩子同床共眠，
且互不影响的理想状态……

在婴幼儿成长的过程中,家长总是会花很多心思去照料宝宝生活的方方面面,特别是在睡眠过程中的看护和陪伴。为了更好地陪睡,家长们经常采取的措施是和孩子睡在同一张大床上(如图3-20所示)。睡在一起哪怕是挤一点,但感觉彼此之间距离更近,照料起来也更方便。但其实这种抱团的睡法也许对孩子们的睡眠质量影响相对较小,但却往往会严重影响家长的睡眠质量。因为在同睡的过程中,家长哪怕是稍微翻个身,都会担心会不会弄醒孩子,会小心翼翼做动作。但小孩睡觉时没有那么多顾虑,总是会突然间地踢腿或甩手,确实会"误伤"家长,影响休息的质量。所以,除非大床面积够大,床的边缘也相对安全(或靠墙不易跌落),不然一般家庭不应考虑整夜(长时间的睡眠)采取这样挤在一起的睡姿。

图3-20　陪孩子同睡

相对而言，许多家庭都会将幼儿睡婴儿床一侧围栏翻下来，靠在大床旁边。这样使大床和小床互相贴住，并调整床面高度尽量持平（如图3-21所示）。这样既能够让孩子睡在相对独立的空间中，同时又与大床保持一定的联系，便于家长陪睡看顾的同时，也不会造成互相影响。即便如此，由于孩子与父母之间，仍旧没有一个分界线，孩子要么会靠到另一边远离父母睡，要么就会翻滚过来睡到大人身下，甚至还有从两张床的缝隙中跌落的风险。

图3-21　将小床一侧围栏翻下靠住大床

当宝宝更大一些的时候，不再睡在婴儿床中了。家长往往会买一张更大的小床。考虑选择床的长宽及高度，将小床与大床完全衔接在一起（如图3-22所示），将床拼成一个更大的床。采取这样的方法，可以让大人能够与孩子有更好的联系，并且互相之间也能够有各自的睡眠空间。在孩子成长的某个特定年龄段，上述这种方式确实算是非不错的选择，但并不能说明同样适用于其他时段。

再者，这种大床与小床连在一起的陪睡方式本身也不是非常科学，对家庭起居空间的要求也较高，无法在小户型家中使用。而且过了这个阶段，大床旁边放小床就会显得不太合理。因为再往后要培养孩子适应后期分房分床睡的习惯了。所以长期这样安置，对孩子成长会有一定的限制和阻碍。

其实孩子比较小的时候，亲子陪睡最佳的方式可能还是以大床为基础，在其上去划分出孩子专属的睡觉区域，通过某种隔断设置可灵活开放（或闭合）家长与孩子的睡眠区域，也许可以达到更人性化的陪睡效果。

图3-22　将小床与大床完全衔接

用于辅助亲子同睡的隔断结构本身与人体接触较为密切，应选用较为环保且亲和肌肤的材质。比如金属等材质的通常温度较冷且坚硬，肯定不适合；而未上漆的原木材质就相对要环保，其气味与表面温度也很亲和。隔断结构如果安置于床上，其本身的自重以及安装方式的安全性和稳定性，同样是设计师应当着重思考的问题。而能否拆分结构，也是设计中需要解决的难点。在把握亲子隔断设计的主要需求前提下，应尽量对市场现有的产品进行调研，哪怕是类型完全无关的产品，说不定其中某处结构特点正好能借鉴，加以利用。比如可升降的消防梯（如图3-23所示），它的结构就可提供重点参考。扶梯本身一级一级中空的木架结构可作为很好的隔断，其长度能够通过伸缩进行调节，有利于在隔断设计当中实现灵活开放（或闭合）的功能诉求。可升降式结构既能作为隔断伸展闭合，又可通过收缩折叠实现开放状态。

图 3-23　可升降式消防梯结构

通过对消防梯结构进行借鉴参考，从而设计了这款家长亲子共眠的可拆装伸缩围栏结构（如图 3-24 所示）。这个设计方案是专门基于卧室不够宽敞，无法同时放置成人大床与孩童小床的问题，通过在大床上安装简便的护栏隔板，以解决家长和孩童在一张大床上同睡时，互不影响睡眠效果的问题。伸缩围栏结构整体可拆分为多个部件，且可调节的隔板结构，能根据床的大小进行相应的伸缩与位移调节，为家长陪（宝宝）睡提供更舒适、安全、亲密的睡眠环境，提高卧室空间利用率。

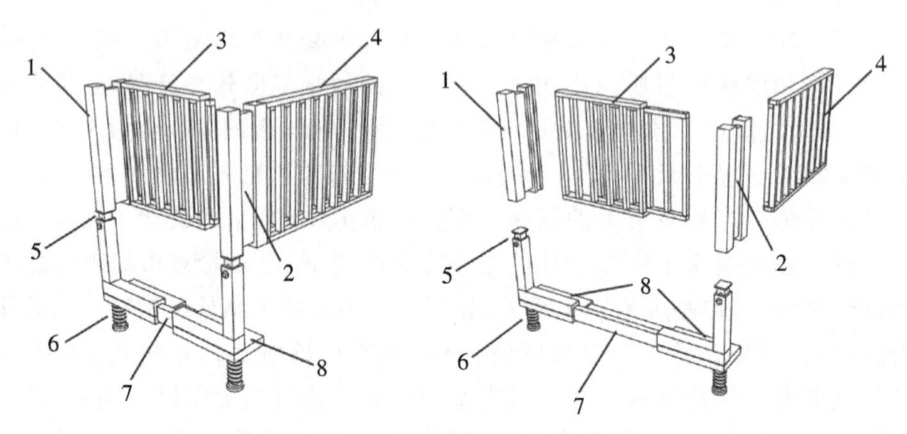

图 3-24　可拆装的伸缩围栏结构

本案例图注：

1. 可调式插接固定杆 a；2. 可调式插接固定杆 b；3. 可伸缩护栏隔板 a；4. 可伸缩护栏隔板 b；5. 可升降支架接口；6. 可升降螺旋支撑脚；7. 可伸缩支架连接结构；8. 固定床底边缘托板

这个设计方案根据卧室本身有限的空间环境，因地制宜地进行规划调整。首先保证床头侧有靠背（或将床头靠墙），孩童朝这一侧翻滚不会翻落床下。接着根据床面具体面积，大致划分出家长与孩童的睡眠区域。然后将隔板的支架调节到床架对应高度、宽度，通过支架托板固定住床两侧边缘。进而将三部分活动护栏隔板通过榫卯插接进行固定。最后，拉伸护栏隔板，相互连接并插销锁住，使床面三个方向的隔板与靠背（靠墙）侧形成闭合状态（如图3-25所示）。

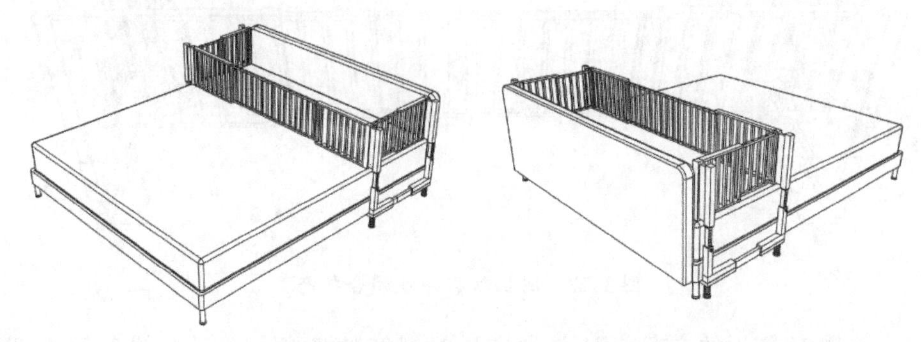

图3-25　使用围栏分出儿童睡眠区域

可伸缩围栏结构主要是由可调节插接固定杆、可伸缩活动护栏隔板以及可升降支架等几部分组成。根据大床床面具体面积（床宽须至少保证标准成年女性能够横向躺卧），并基于床长、宽、高各个尺寸，可调节围栏支架及围挡状态。其主要结构——围栏隔板，可根据需要，将父母与孩童躺卧的区域进行分隔或连通。当收缩折叠时，床面区域开放（如图3-26所示），父母与孩子之间可以无阻隔地嬉戏互动。

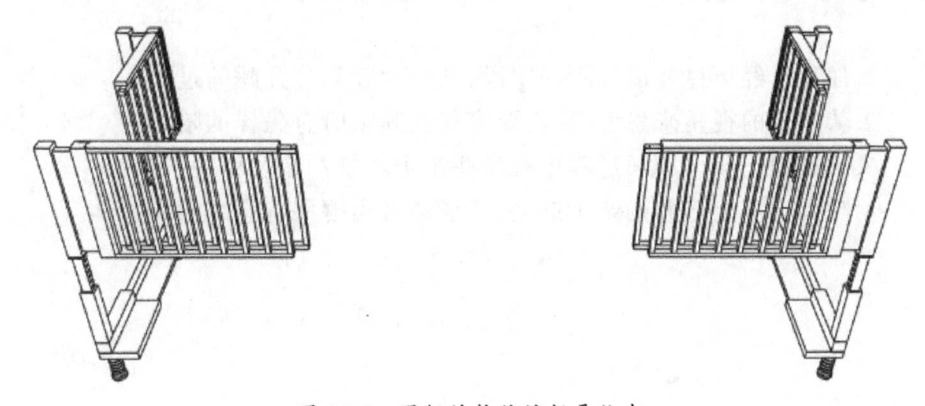

图3-26　围栏结构收缩折叠状态

当围栏结构完全伸展开来(如图3-27所示),隔断就把床面区域一分为二了。这时,父母与孩子之间互相保持了独立的空间,半透的隔断式围栏结构,为孩童营造了小床般的环境氛围,并且同样可实现家长与孩子同床共眠时,且互不影响的理想状态。

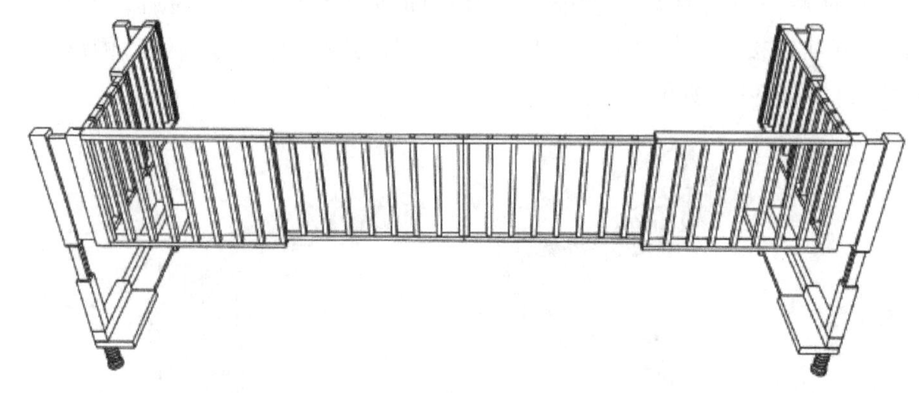

图3-27　围栏结构伸展闭合状态

与婴童有关的产品设计首先应该对婴童的日常行为特征进行认真调研。换位思考,并试着从引导家长陪伴子女生活的角度,用所设计的产品营造更加和睦融洽的家庭氛围。相信只有做到这样,才是真正体现出"爱"的温暖的好设计。在设计中展现真实的人文关怀。

思考与实践:

1.你是否经历过在成长不同阶段,从一起睡到分开睡的过程?
2.从孩子的视角来思考,更需要家长在睡眠时有怎样的陪伴?
3.尝试找出孩子成长过程中有哪些亲子场景?涉及哪些产品?
4.除了市面上已有的亲子产品,还能拓展出哪些有意思的设计?

3.5 桌椅梯台的变形整合

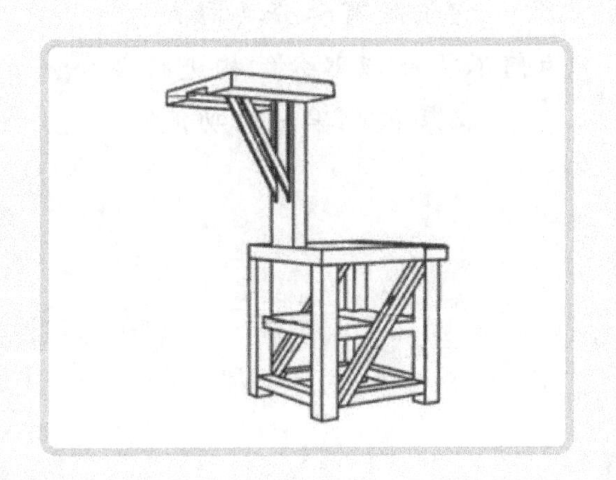

它们既有部分共同点，
为何不将相似部分结构进行整合，
拓展彼此单一的功能？

在我们的家居生活中，椅子是必不可少的一件家具。可以说人们在室内活动，有至少三分之一的时间会坐着。所以一把好的座椅，可以让人坐很久都不会难受。反之，可能坐一会儿就想站起来。正是考虑到坐具的功能性，设计师总希望不断改进椅子的设计。在普通椅子的基础上，增加一些新的元素，比如在椅子侧边增加一个可以搁手的小台面（如图3-28所示）。这样就能把手靠在上面，甚至可以在上面写写字，临时放一个水杯等。这么一改进，人们就可以一边坐着，一边还能做些别的事情。

图3-28　普通椅子与带有搁手板的椅子

在儿童座椅设计中，则更加突出功能特点。基于儿童的身高比例，设计的椅子较为低矮。儿童餐椅是将就餐功能的桌板融入其中（如图3-29所示）。孩童保持坐姿，手放桌面，在家长陪同下可以一起玩些桌面小游戏。圆弧的桌板围住座椅前侧，对孩童活动过程进行保护，帮助孩子养成耐心专注的行为习惯。

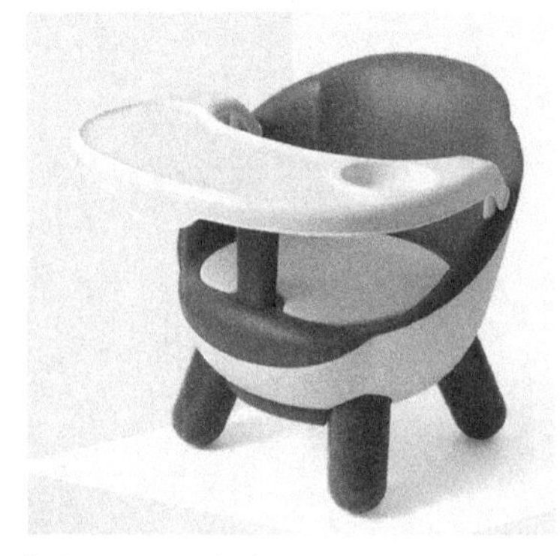

图 3-29　带有桌板的儿童椅

作为常规家具的椅子在室内占据着一定的空间。为了更好地进行空间利用,设计师也在尝试通过对体量接近的其他物品进行类比,寻找椅子改良设计的新突破。比如和椅子尺寸差不多的三阶登高梯(如图 3-30 所示),专门用来登高放置书柜上层等较高位置物品。平时不用的时候,则将其进行折叠收纳。考虑到它实际利用率可能并不太高,所以是否可以考虑和椅子进行功能整合呢?梯子台阶的水平面及稳定的支撑结构,很容易让人联想到椅子上去。

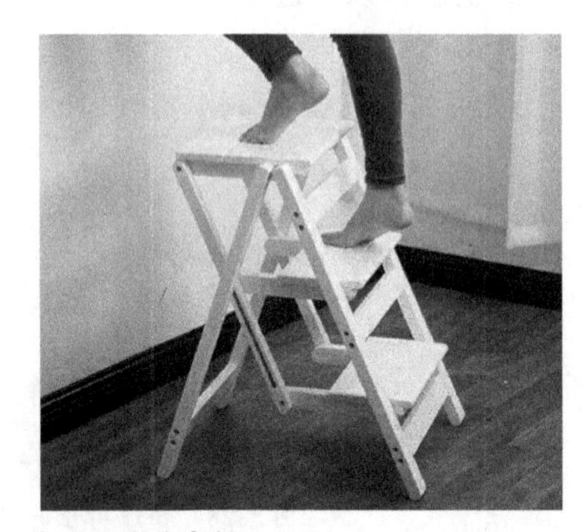

图 3-30　可折叠的三阶登高梯

在对椅子的功能进行整合之前,我们先来单独分析几种具有潜在结合点的家具(用具):椅子、桌子和梯子。

椅子的结构主要包括靠背、座面、四条腿,有时会有扶手。常规的椅子存在功能相对单一,占据一定的空间,只能用来“坐”,缺少多用性。桌子的结构主要包括高于座面的台面和四条腿。常规的桌子也存在功能相对单一，占地空间大，只能用来作“台面”，同样缺少多用性。梯子的结构主要由两根长粗杆做边，中间横穿适合攀爬的横杆或台阶。常规的梯子功能也比较单一，只能用来“登高”，占据一定的空间，使用频率低，缺少多用性。

它们既有部分共同点，为何不能将其相似部分结构进行整合，拓展彼此单一的功能？那如何能改变椅子、桌子及梯子的状态，快速、高效地进行功能转换？基于这些疑问和思考，笔者团队提出了一种结合桌、椅、梯三种功能形态的组合椅（如图3-31所示）设计方案。

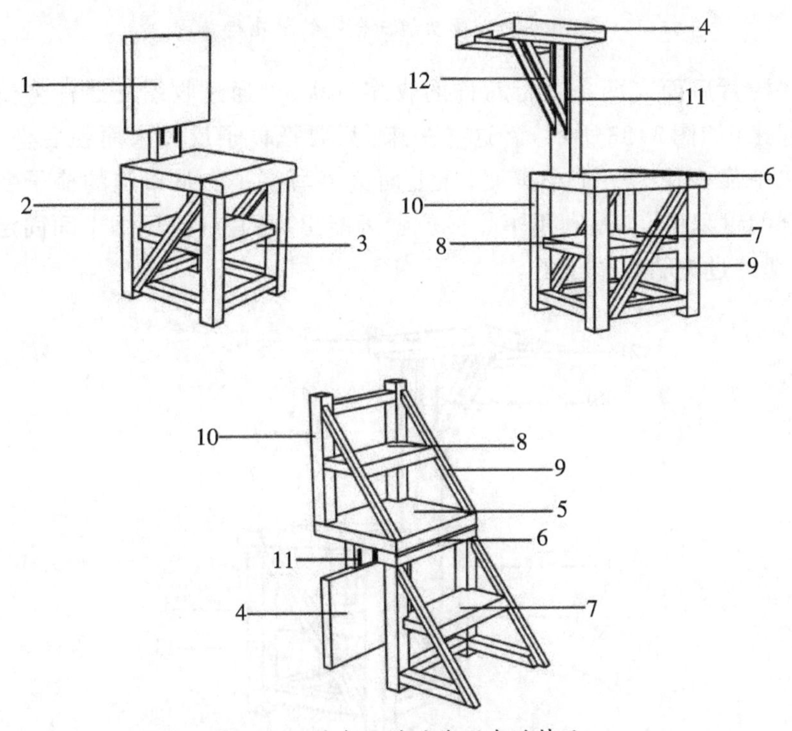

图3-31　结合三种功能形态的椅子

三合一多功能变形椅，主要由三部分组成：椅背、椅子的后半部三角形框架和椅子的前半部三角形框架。当它处于椅子（如图3-32所示）的状态时，在座面下方设有收纳层，可存放书本等物品，便于拿取书籍阅读。除此之外，它似乎就是一把普通的椅子了。但其实在椅背后面的结构和座面底部的三角形框架结构却暗藏玄机！

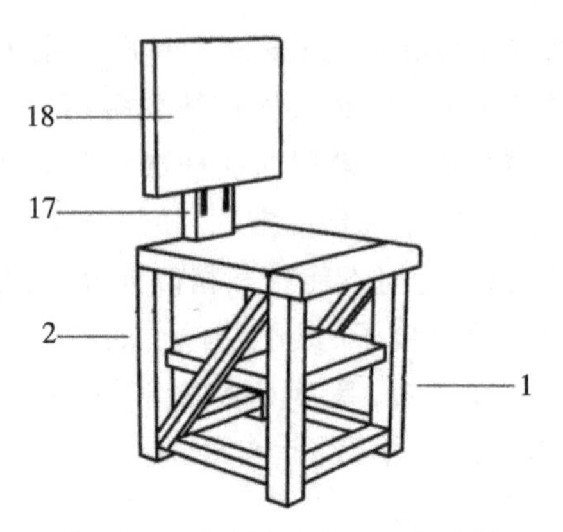

图 3-32　多功能三合一组合座椅

在椅背后面有两条平行对称的收缩滑轨，可通过收缩支撑杆将椅背靠板支起来（如图 3-33 所示）。这样一来，只要把椅子反过来面朝后坐，就可以把水平靠板作为一个小桌面，在上面读书写字了。从单纯的椅子变为桌椅组合的过程中，正是利用了靠板位置可能出现的空间，压缩中间固定板的宽度，腿跨过去骑在椅子上。

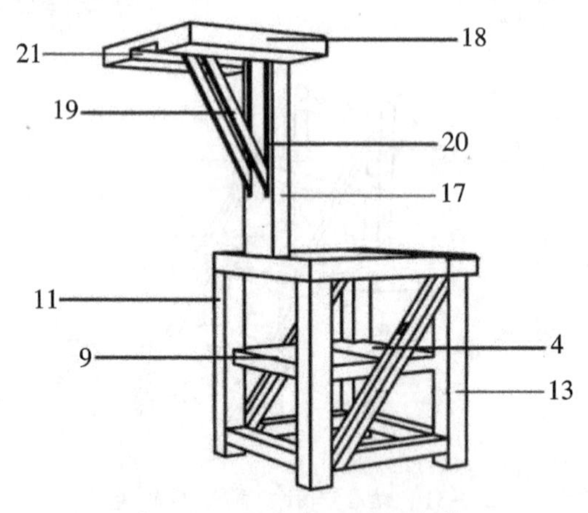

图 3-33　具有桌面的组合椅

本设计最大的创新点在于可变换为三阶梯子的造型（如图 3-34 所示）。利用三角形的稳定结构，将椅子前、后两部分的三角形框架，通过中间的活动连接板向外翻开，直至将椅背顶部倒立放在地上。

这样桌椅组合又瞬间变为了梯子。在变化的过程中，椅子底部的等距离的多层结构正好用作梯子的台阶，并且左右两侧还有可做扶手的斜挡结构进行安全保护。人们可以安心地上下阶梯，拿取物品。

本方案可在梯子、椅子、桌子间快速转换，变形稳固，结构简洁。变形结构也无需使用螺丝等配件固定，保持了灵活性，实现了一物多用，节省空间，兼顾收纳的功能诉求。

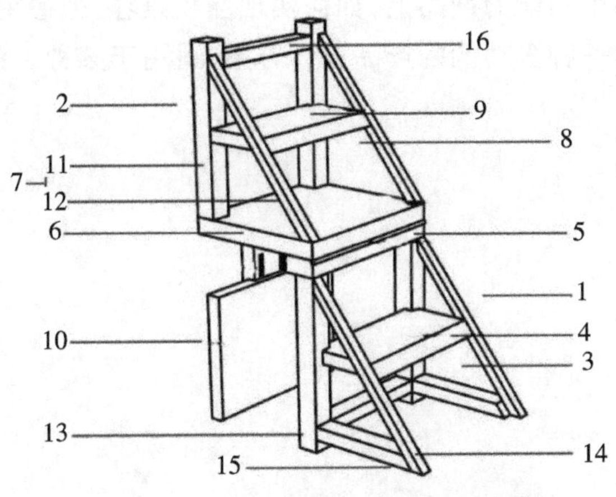

图3-34　可作为梯子使用的组合座椅

本案例图注：

1.一号三角梯；2.二号三角梯；3.一号三角形框架；4.一号台阶踏板）；5.连接板；6.座板；7.支架组；8.二号三角形框架；9.二号台阶踏板；10.椅背；11.一号椅子腿；12.一号梯子扶手；13.二号椅子腿；14.二号椅子扶手；15.加强杆；16.连杆；17.固定板；18.活动板；19.支撑杆；20.一号凹槽；21.二号凹槽

能够实现产品功能转换是未来发展的必然趋势。通过设计改良产品，把多种功能聚集在一个基础载体上。产品创新的背后传达着多样化的设计概念。具备了变化形态的产品造型，既可灵活满足大众的多样化需求，又能大大缩减存放空间。创新的基础是减少“成本”，帮助人们变相地通过“更低”的价格买到“更高”价值的物品。

思考与实践：

1. 基于多功能的产品设计，首先应该把握哪些前提条件？
2. 是不是只要是产品都应该往多功能方向发展？哪些不适合？
3. 在具有多个功能的产品上，如何实现互相兼容，把握主次顺序？
4. 尝试提出一种多功能的产品设计方案，适用于某种工作需要。

第 4 章

CHAPTER 4

设计方案成果转化篇

当设计方案完整成形后，避免停滞不前，应该继续完善下去，尽可能地把“纸上设计”进行物化。做出相应的实物模型以及产品样件，通过实践才能检验设计是否可行。与此同时，为优质的设计方案申请专利，通过知识产权加以保护。尊重并坚持原创设计，即是确保设计能更好地服务大众。

4.1 伸缩自如的旅行箱体

这个似乎毫无关联的小马扎，

它的结构很简单，

人坐上去十分稳当，

又可折叠收缩，取用便携……

日常生活中，人们容易对身边的产品及产品用途产生思维定式，根据突破原有的既定思维，产生新的设计概念。也正因为如此，许多不错的设计概念往往在脑中刚想了一半，又想到现成的产品状况就自我否定了。其实在灵光乍现时，我们真的不必在意太多被现实局限的因素，应勇敢地做尝试，有时“跨界”的思考，说不定都能触类旁通，激发设计新概念。

举个例子，在旅行箱包领域，几乎还没有可伸缩调节的变形箱包。绝大部分都是根据使用者收纳需求，制造出相应的尺寸容量。其实在使用箱包的过程中，随身物品是会不断增加的，箱体容积则无法进行相应调节。这样箱包就存在着取用不灵活、便携性较弱的缺点，并且收纳也较占空间。

通过市场调研，我们发现人们在使用箱包的过程中确实存在因为随身物品减增，希望箱体容积进行相应调节的诉求。为解决人们在旅行途中希望行李箱容积根据情况变换大小的问题，研发一种可变形多功能的旅行箱已经受到了业内的关注。甚至目前市场上已经有一些通过软质布料与拉链等辅助配件实现伸缩功能的箱包产品，但因其伸缩模式比较低端，又基本不具备支撑强度以及调档功能，以至于伸缩效果远未达到预期。

想要实现箱体更理想的伸缩效果，我们要将视野范围扩大一些，不能仅把目光停留在箱包类产品本身，发掘一些具有伸缩特性的物品会有奇效！通过观察，发现手风琴有趣的伸缩结构（如图4-1所示）非常值得借鉴，其不仅具有均匀伸缩的结构，而且伸缩状态极具美感，甚至具有潜在的分档调节可能性。

图 4-1　手风琴的伸缩结构

通过进一步调研发现,类似的结构不仅存在于手风琴的造型中,在我们生活场景中经常能看得到,例如作为基础设施的排烟管道(如图 4-2 所示)也属于这类伸缩结构。方形伸缩管的材料可防水防漏,这也接近设计伸缩旅行箱伸缩罩结构的设计概念。

图 4-2　排气管的伸缩结构

有了这第一步,接下去开始选择硬质旅行箱进行改良设计。若简单采用伸缩罩式结构连接分体式箱体,似乎可以实现箱体容积变化的诉求。但分开后的箱体若只是单纯采用软质伸缩结构连接,会缺乏支撑强度。这种箱体虽然可以通过其他配件固定,但还达不到完全伸展与收缩的状态,也无法呈现调档控制的状态。

设计过程就是如此,每前进一步,就要随之面对更具体的问题,接下来考虑伸缩罩结构内增加一种坚固、轻巧的支撑结构。让我们暂时转移目标,来瞧瞧这个似乎毫无关联的小马扎(如图 4-3 所示)。它的结构很简单,就是靠 X 型结构支撑,用软布条铺成座面,人坐上去十分稳当,又可折叠收缩,取用便携。

图4-3　小马扎的X形支撑结构

通过借鉴，我们可以将这种X形支撑结构应用于箱体内部。通过在X形支撑结构内部架设弹簧，保持其回弹的张力，就可实现箱体完全伸展支撑的效果。经过多次试验，这种弹性支撑结构（如图4-4所示）终于应运而生，这个结构不仅达到支撑外部伸缩结构的作用，而且为后续实现调档伸缩功能带来某种可能。

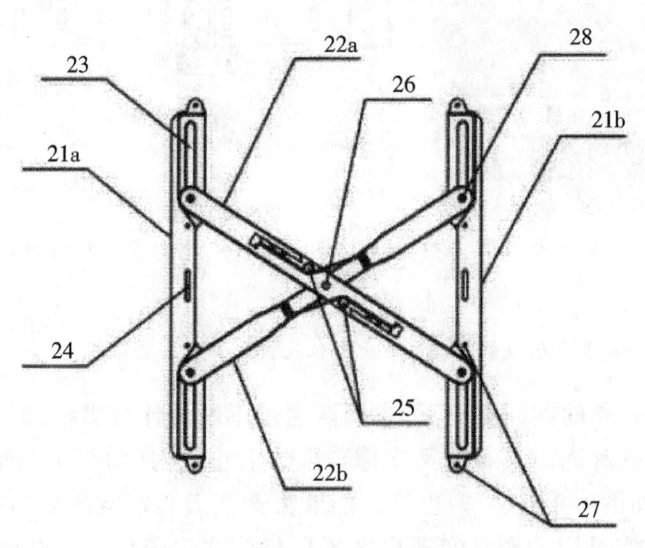

图4-4　箱体X形弹性支撑机构

本案例图注：

21a. 支撑杆a；21b. 支撑杆b；22a. 弹性交叉杆a；22b. 弹性交叉杆b；23. 伸缩滑动卡槽；24. 支撑杆中部固定槽；25. 弹簧滑轨；26. 交叉支撑轴心；27. 支撑杆两端固定孔；28. 交叉杆固定滑孔

设计总是需要我们运用创意思考问题,将概念不断提炼,逐步实现设计。上面提高的创新结构就是希望打破常规思维,敢于试验。能够将传统箱体进行拆分,并通过具有弹力的伸展支撑结构作为伸缩支架,实现固定对应支撑点位及连接功能。

但是解决新型支撑与调档伸缩机构的设计难点不仅在于交叉支撑机构的受力与回弹状态,还在于调节限位机构及伸缩轨道匹配性以及外部可伸缩防护结构与内部支撑机构伸缩同步性等。

唯有实现第三步,即设计出可逐级调档的伸缩卡扣机构,才能完全解决设计难点问题。继续通过类比研究法,我们又从那种广告公司经常用来做横幅的小物件——捆扎带(如图4-5所示)得到灵感,进而设计出了一种伸缩卡止机构(如图4-6所示),解决了箱体外部伸缩罩结构与内部支撑机构伸缩调档同步性的难题。

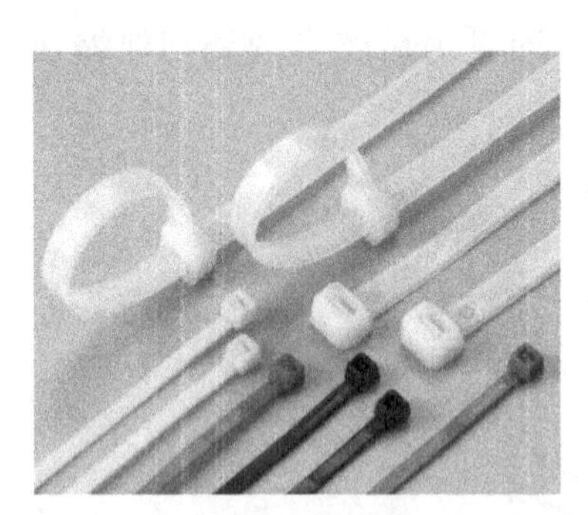
图4-5 捆扎带

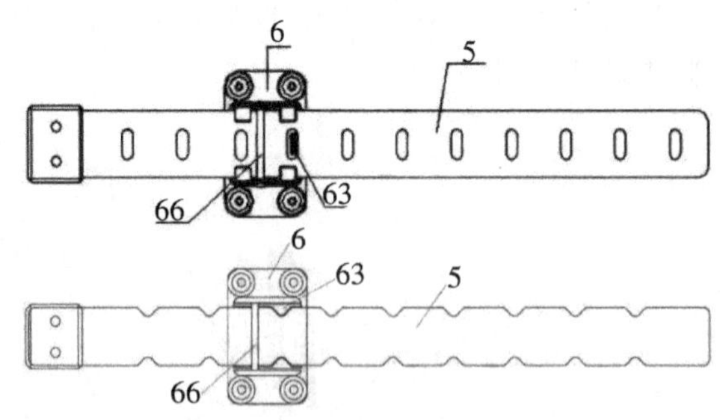

图4-6 伸缩卡止机构的结构

本案例注:
5.卡止条;6.卡止限位机构;63.卡止定位孔;66.卡止固定压片

在校企合作的共同努力下,本团队通过不断设计与实践,最终科学有效地设计出了这种同时具备交叉支撑与限位卡止机构(如图4-7所示)的超伸缩旅行箱(如图4-8所示)。也终于能够将看似天马行空的多功能伸缩概念得以通过真实可用的产品实现出来了!相信这款产品一旦投放市场,肯定能在旅途中为人们带来周到贴心的美妙体验。

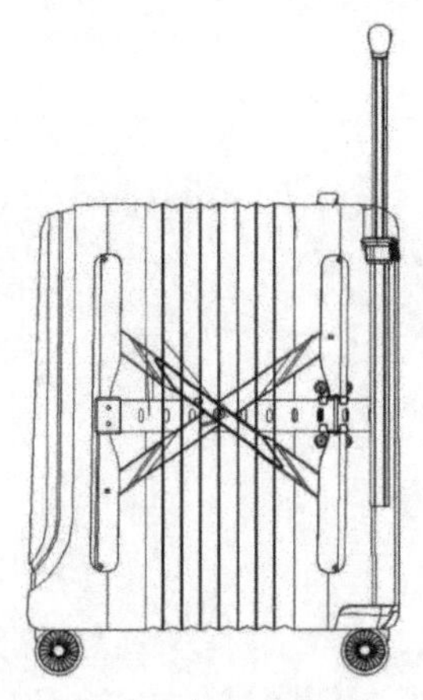

图4-7　交叉支撑与限位卡止机构

图4-8　可伸缩多功能旅行箱

作为设计师,脑中如果有灵光闪现的新奇想法,那真的是非常宝贵的东西,应该及时记录,更不要放弃思考。这也是当下设计师的一种职业素养和担当。设计史上那么多著名的设计作品也就是把握了这样的机遇,最终改变了世界。所以我们坚持设计,更要坚守自己的内心,让它因为探求而持续火热。

思考与实践:

1. 在案例中,旅行箱的伸缩调档功能主要是通过哪几部分实现的?
2. 如何能够在设计过程中,跳出思维定式,拓展联想空间?
3. 作为设计师,除了造型设计能力,还应具备哪些综合能力?
4. 在疫情影响下,人们都减少了出门旅行的频率,进行怎样的产品创新及营销模式,才能刺激消费者对旅行用品的购买欲望?

4.2　展藏兼容的收纳家具

拓展兼具“展”与“藏”的诉求，
思考通过化整为零，
甚至可变形的结构改良，
使展藏兼容的收纳家具成为可能。

随着人类社会不断发展进步，产品制造领域比以往任何时候都更加强调产品背后能否服务大众的功用，产品必须与人们生活现状相适应。比如收藏、收纳类家具，其实"收藏"与"收纳"是两个相似但却存在差异的基本行为诉求。收藏即为收集保存，多指对收集者有特殊精神意义的物品；而收纳则是收进纳入，主要是指对收集者有日常生活需要的日用类物品。在现代社会，小空间、流动性居住成为年青族群的主要居住模式，传统收纳型家具固定、庞大、笨重的特点已越来越无法满足该族群对个人物品收纳、收藏的需求。相比较而言，具备易拆卸可组装特性的轻便型收纳家具因能为搬家与清洁卫生等行为提供便利，已然得到了广泛应用。

在许多国家和地区已有不少收纳、收藏的家具形式，各具特色。日本地域狭小，资源短缺，人口密度高，寸土寸金，因而日本住宅十分重视空间利用问题。德国的小住宅以质量高、安静、舒适、方便、卫生而闻名世界，厨房家具所放置的厨具位置都有严格的秩序，并按体积与类型逐层排列。这不仅在视觉上清晰明确，实际操作性也很强。丹麦的设计风格以恬静、富有韵味而著称，它将材料、功能和造型融合在一起，形成平衡与协调的统一。

收藏型家具在中国传统室内陈设布局中占有重要位置。收藏型家具对物品的收藏陈列，集中展现了中国人的精神世界。在我国的传统收藏型家具中，博古架、百宝箱尤为经典。博古架代表了以开放的展示方式为主的传统收藏型家具（如图4-9所示），百宝箱则代表了以闭合的隐藏方式为主的传统收藏型家具（如图4-10所示）。

图 4-9　展示类家具博古架

图 4-10　收藏类家具百宝箱

目前,收纳、收藏型家具设计在国外市场不断出现,其中不乏一些既实用又有倾向性的优秀产品。但在我国同类市场却迟迟没能出现较为完整的收纳和收藏兼备的新型家具,已有的产品仍旧脱离不了传统家具的种种弊端,尚有较大改进空间。

基于传统家具无法使收纳、收藏功能兼备的缺点,本案例希望将此类家具的结构进行优化,拓展其兼具"展"与"藏"的诉求,引导设计师思考通过化整为零,甚至可变形的结构改良,使展藏兼容的收纳家具成为可能。并将设计方案进行文案整理,进而申请专利,对知识产权加以保护。

现有的收纳型家具存在着占用空间过大，无法有效分类收纳不同的生活用品，整体造型相对固定，无法挪动或根据空间不同而改变造型。因此，提供一种结构设计合理，收纳方便，占地空间小，可根据不同类型进行不同位置存放的组合收纳柜，显得尤为必要。本案例正是基于这几方面的关键点设计出一种多功能、可变形、可拆装的组合收纳柜。

将分体式的组合柜进行编号，分别为一号柜、二号柜、三号柜、四号柜和五号柜。所有的柜体底部均设有万向滚轮，除此之外还包括合页、背板、抽柜、转轴门、双层架、翻转架、锁门和抽屉等辅助功能件。例如一号、二号和三号柜均通过合页和背板进行活动连接，四号和五号柜则通过合页连接。一号和二号柜的侧面还设置有抽柜，三号柜设置有转轴门，其内部还有双层架和翻转架，四号和五号柜均包括锁门和多个相互间隔的抽屉。

这个组合收纳柜结构的创新之处，主要从三个方面体现：

第一方面，对组合柜体的连接及活动结构进行改进，其主要结构包括合页和背板（如图4-11所示），这两个部件其实是密切联系的一套机构，在柜体的固定背板上下两端设有滑槽，活动背板对应两端位置设有凸点配合在卡槽内滑动（如图4-12所示），且通过合页在完全伸展时旋转柜体间位置及角度，从而实现柜体的伸缩调节功能。

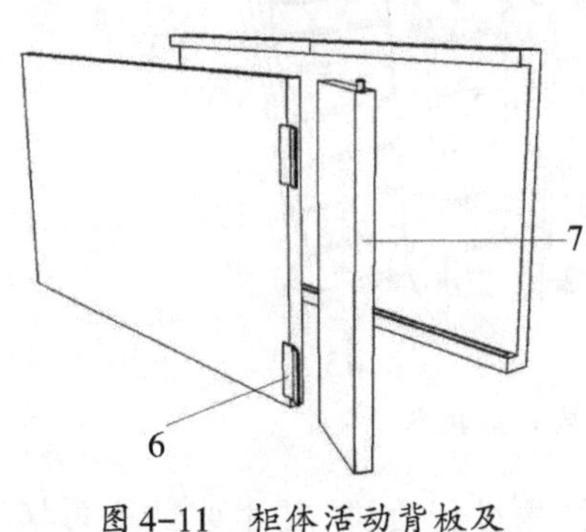

图4-11 柜体活动背板及合页的结构示意图

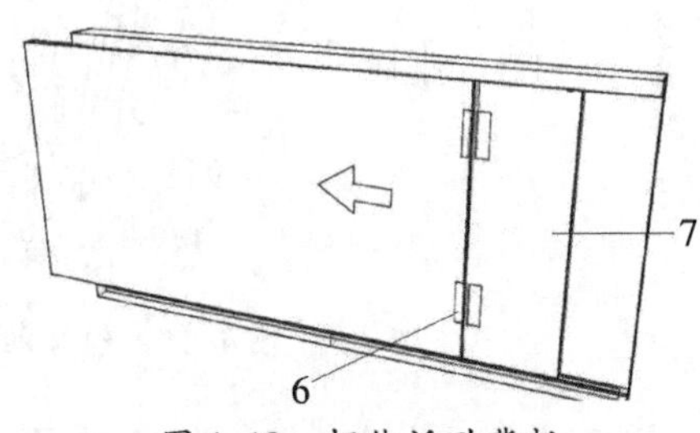

图4-12 柜体活动背板滑动展开过程

第二方面，对组合柜体的整体变化形态及变形方式进行规划设计，主要通过推移的方式将其进行伸缩（如图4-13所示），这种方式使得五个不同柜体按照既定的轨迹位置进行有序位移，使柜体既可完全收缩成完整的长、宽、高统一的正方体收纳柜（如图4-14所示）。

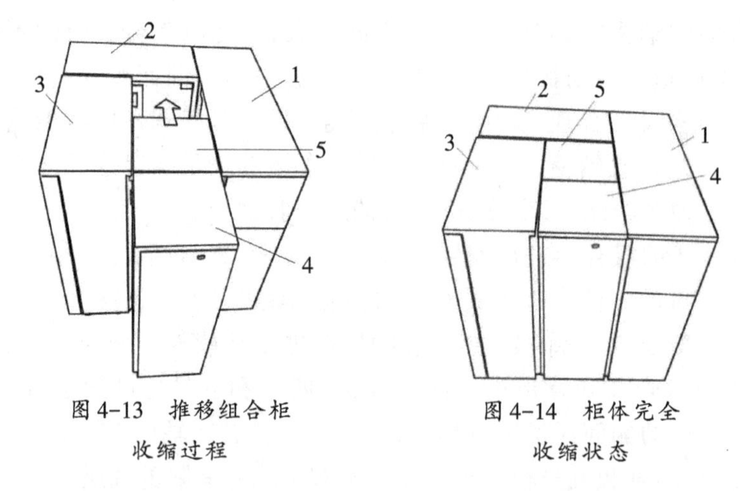

图 4-13　推移组合柜收缩过程　　图 4-14　柜体完全收缩状态

又可将柜体完整伸展成一字排开靠墙的展示柜(如图 4-15 所示)。整体结构可适应不同的空间环境,既可作为收纳不同类型物品的收纳柜,又能很好地将“收藏”的功能性得以展示,起到展藏兼容的效果。

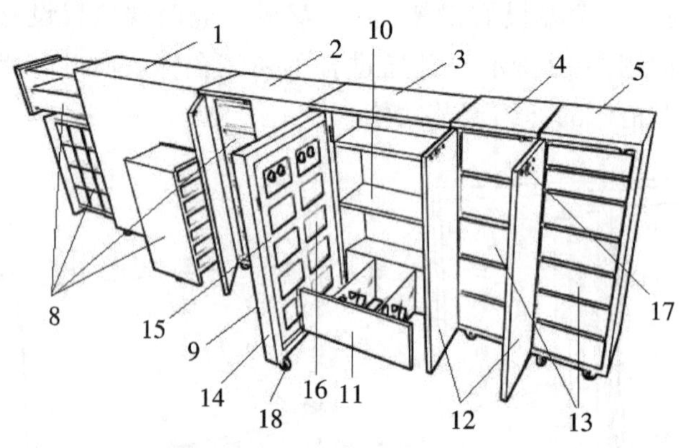

图 4-15　组合柜整体展开后状态

第三方面,对组合柜体的收纳及展示结构进行改进,其主要结构包括滑动伸展结构和转轴门板结构(如图 4-16 所示)。其中,滑动伸展结构可将博物架结构收缩入柜隐藏,亦可将其拉伸开来展示;转轴门板结构则可将挂于其上的小物件通过转动呈现,亦可将其转回内侧隐藏。

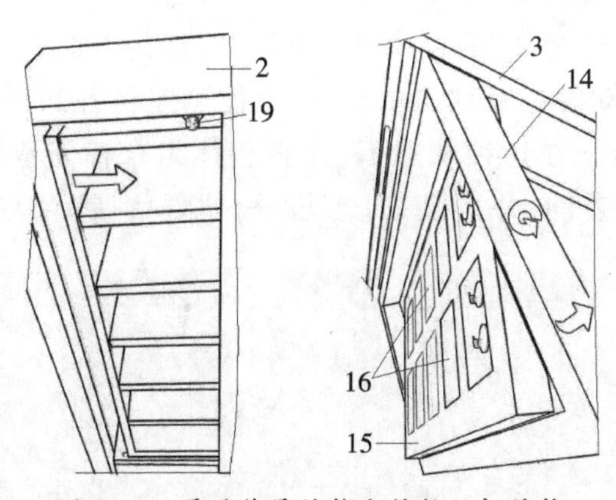

图4-16　滑动伸展结构和转轴门板结构

本案例图注：

1. 一号柜；2. 二号柜；3. 三号柜；4. 四号柜；5. 五号柜；6. 合页；7. 背板；8. 抽柜；9. 转轴门；10. 双层架；11. 翻转架；12. 锁门；13. 抽屉；14. 门框体；15. 转门；16. 凹面；17. 上锁机构；18. 万向滚轮；19. 吸锁

这两种机构配合整体组合柜，仿佛神奇的魔方，使其根据空间大小变换形态，实现随心所欲切换隐藏收纳和展示收藏状态的细致需求。做设计有时候就像变魔术一样，可以在看似平凡的状态下，经过一番操作，营造出奇妙的视觉效果。好设计就是让人在惊叹之余，欣然接受这种改变。

这款组合柜设计最终做出实物，整体色彩设计具有明确的功能指示性，即通过不同颜色深浅的柜体色彩渐变能够对收纳及展示物品的柜体区域划分（如图4-17所示），以及按照物品重要性和使用频率有序排列，柜体收缩状态下从外到内色彩由浅入深，直至中心位置存放最为贵重的私密物品。

图4-17　具有色彩渐变的柜体收缩状态实物展示

收纳状态好似“魔方”的柜体，底部装有灵活的万向轮，只需对组合柜进行拉伸、翻转、移动等一系列简单动作，就能迅速将各部分柜体一字排列开（如图4-18所示）。在这种状态下，能将整体组合柜安置于靠墙的边缘位置，从而节省室内空间，并为下一个步骤——“藏品”展示状态作准备。

图4-18　拉伸、转向后的柜体排列状态实物展示

论到“藏品”展示，这个收藏功能齐全的收纳柜的确设计得颇为合理到位。根据功能分类对柜体进行大致分区单个部分柜体。当各部分柜体完全打开，能发现其局部结构可以朝各个方向进一步延展，达到最佳的展示效果：通过不同的单元将个人日用物品诸如电子类产品等，收纳于颜色最浅的第一层柜体；进行收纳与展示。将个人收藏的古玩等物品放置于第二层柜体内的博古架中，可随着心情进行收藏或展示；还可将养生类保健品以及平时偶尔饮用的高档红酒放于第三层柜体对应位置；然后将个人的重要文件及资料等重要物品分别存放并锁在最后两个柜体单元中保存（如图4-19所示）。如此功能完备的柜体设计，反映出设计团队深入的调研总结，清晰的逻辑思考，以及缜密的设计过程。

图4-19　功能分区的各部分柜体展开状态实物展示

思考与实践：

1. 在收纳柜设计时，如何兼顾空间分配与分类易取的问题？
2. 在我们的生活中，哪些物品应该被收纳隐藏？而哪些适合展陈？
3. 在案例中，组合收纳柜的设计最适合在哪些室内状况下使用？
4. 我国古代的收纳诉求与现代生活环境下的收纳诉求发生了怎样的改变？收纳柜设计的侧重点应该考虑哪些方面？

4.3　仰卧起坐的健身器械

正确的方式是卷腹，

也就是将身体像卷毛巾一般，

逐步从胸、腰、腹各位置慢慢把身体卷起来……

生命的意义在于经常运动，运动能够使身体更加健康，远离病痛的困扰，强身健体。锻炼本来就是一件好事，但是人们因为平时工作繁忙等原因，没有太多时间和精力去锻炼，久而久之放弃运动，这无疑将使身体状况变得越来越糟糕。所以即便在家进行简单的身体锻炼，也很有必要。

众所周知，可在室内锻炼的运动项目就有很多：深蹲起立、俯卧撑以及仰卧起坐等。接下来我们着重探讨关于“仰卧起坐”的相关训练技巧以及与之相对应的产品设计。

仰卧起坐作为一种常见的锻炼方式。主要由仰卧和起坐两部分技术动作构成。其中仰卧须将两腿并拢，两手上举，整个人仰面朝上平躺的动作姿势；而起坐则应利用腹肌收缩，两臂辅助向前，迅速成坐起的动作姿势。进而上体继续前屈，低头、两手触脚面，然后身体向后躺下，如此往返，连续完成动作。整套技术动作的核心要领就是利用腹肌为发力核心，身体按节奏有规律进行运动，辅助锻炼周身上下各处肌群。

过去最主流的仰卧起坐形式，是在中小学阶段通常采用的那种需要在别人帮助下完成动作的方式：仰卧起坐的同学躺在专门的仰卧起坐垫子上，老师或者同学身处那位同学的脚前，通过按住那位同学的脚固定住腿部，然后开始进行仰卧起坐训练（如图4-20所示）。首先不论这种训练姿势是否标准，仅从辅助训练的客观条件而言，其存在很大的局限性，首先需要专人陪同锻炼，费工费力；其次垫子贴近地面，容易将灰尘吸入肺中，有一定健康隐患；并且在运动过程中，垫子摩擦地面容易打滑歪曲，使训练过程有一定安全风险。

图 4-20　需要人帮助固定住脚的仰卧起坐方式

也正是由于传统的仰卧起坐方式存在诸多问题，所以在最近一、二十年之间，不断出现各种所谓更加专业的仰卧起坐器械。人们在这些器械的辅助下，确实也提高了健身效率。锻炼不再需要别人帮忙，自己就能独自锻炼了。并且这些器械也更加符合人机工程学，从过去紧贴地面的姿势变为更加立体的骑乘姿势。

从下面这款家用腹肌板运动器械（如图 4-21 所示）来看，使用者可以骑在座垫上，双膝自然悬垂，腿部夹住前端支架，并用脚背勾住靠脚软垫。腹肌板呈一定角度（弧度），整个人只需向后倾斜躺下去，就能贴合靠板，然后起身向上即可开始仰卧起坐锻炼。这类产品的设计优点在于更好地帮助使用者固定身体下半部，更集中地锻炼身体上半部特别是腰腹部位置，使锻炼更有针对性，运动姿势与角度也更正确。

图 4-21　仰卧起坐

对比过以上两种仰卧起坐方式后，我们再对仰卧起坐的动作要点及细节进行分析。很多锻炼者做了多年的仰卧起坐，却可能还不知道怎么样的姿势才是正确的。比如手放置的位置，是否要抱头？看下图（如图4-22所示）不难发现，左边女子将手扶住头部两侧，而右侧男子则是将两手十指相扣，完全搂住颈椎位置。这两种姿势从视觉效果上看不出有什么明显差别，但其实带来的影响巨大。第一种方式只是在起坐上升过程中起到借力的作用，对人的颈部施压较小；而第二种方式搂住颈部会对人颈椎产生非常大的牵引力，较容易损伤颈椎，甚至发生更严重的意外。早在几十年前，美国海军陆战队训练计划中就已明确禁止这种搂颈式的训练姿势！所以在锻炼的同时，保护颈椎部位安全，尤为重要。

图4-22　扶住头部两侧的姿势与搂住颈椎的姿势

仰卧起坐过程中除了颈部位置很重要之外，腰部位置也很关键。许多人仰卧没问题，但起身动作基本都有错误动作：用腰突然发力，没有任何过度动作，直接将上半身向前坐起。这样的动作首先对腹部肌肉的锻炼效果非常差，其次太容易损伤腰椎和拉伤肌肉。其实正确的方式是卷腹，也就是将身体像卷毛巾一般，一边逐步从胸、腰、腹各位置慢慢把身体卷起来，一边向前坐起（如图4-23所示）。这样才能真正达到从上到下充分收紧腹肌及周边肌群，再自下而上放松，周而复始，达到正确的锻炼效果。

图 4-23　采用卷腹和扶头的正确仰卧起坐姿势

虽然目前市场上仰卧起坐的器械层出不穷，人们也乐于购买使用。但在健身过程中，由于错误的使用姿势，不仅锻炼比较费力，而且容易损伤腰椎或者颈椎等身体部位。另外，类似的仰卧起坐器械放在室内还是显得比较占空间，体积较大，固定的结构往往难以收纳整理，挪移位置也不方便。

因此，提供一种结构简单，安全可靠，操作方便，既可轻松有效地进行锻炼，又能保护腰、颈等身体关键部位的仰卧起坐器械，显得尤为必要。

基于在室内环境下使用，进行仰卧起坐专项训练的运动器械，其设计重点为可以有效矫正仰卧起坐的姿势，使锻炼动作既标准有效，又能够保护腰椎或者颈椎等身体关键部位，并且还应考虑产品的体量大小，功能完备。使其满足体积小巧，便于收纳整理，节约空间，取用便捷。

本案例设计了一种仰卧起坐的辅助器械。与市面上已有的产品不同之处在于这款产品采用化整为零的设计理念。整套器械将由多个部件拼合而成，所以整体能够做到体量相对较小，使其具有灵活便捷地使用方式。

这款仰卧起坐健身器械，主要由坐垫和腿部助力装置组合而成（如图 4-24 所示）。设计一改往常的仰卧起坐身体姿势，虽采用传统身体平躺在健身坐垫的姿势下，但下身的助力方式改为用小腿肚贴靠住助力板借力。所以无需他人帮忙，单人即可在家中地面上锻炼。值得一提的是采用双手抱于胸前这种更标准的姿势进行卷腹训练。

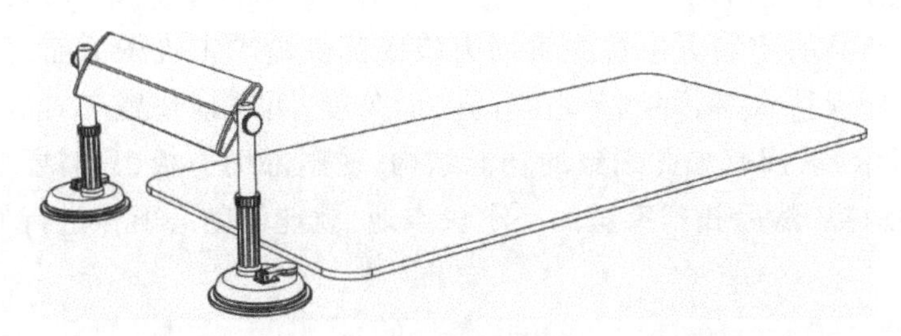

图4-24　由坐垫和腿部助力装置组合的仰卧起坐器械

这款器械看似简单，却在结构细节上体现其功能性。腿部助力板底部设有强力吸盘，可牢牢吸附在平滑地面上。在可伸缩的支架上，通过转轴即可进行高度升降调节，从而适用于不同身材体型的使用者。在支架上端连接处，设有一块可调节的借力支撑板(如图4-25所示)，用于固定小腿部位。通过两侧位置的转轴阀调整支撑板的角度和宽度，进一步满足使用者在不同状态下(角度及伸展长度的体位姿势)的健身需求(如图4-26所示)。

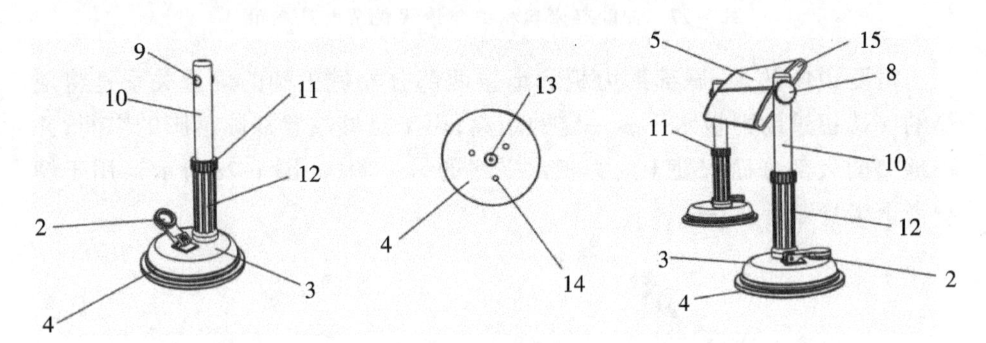

图4-25　伸缩杆支架、吸盘结构和腿部助力板等结构

本案例图注：

2.吸盘压扣；3.吸盘底座；4.橡胶吸盘；5.腿部助力板；8.转轮把手；9.转轴孔；10.支架内杆；11.伸缩转轮；12.支架外杆；13.吸盘固定轴；14.吸盘孔隙；15.助力板卡扣

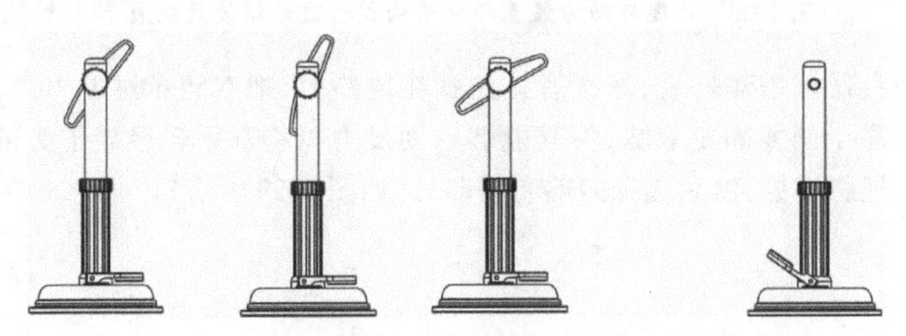

图4-26　根据仰卧起坐不同姿势可调节助力板角度

这款产品的使用方法首先将助力板底部吸盘牢牢吸于地面，然后调节两侧支撑杆保持水平，并调节适当的斜面角度，再将地垫置于对应位置（如图 4-27 所示）。拥有如此细致的功能结构，使腿部助力板，只需要搭配一张健身用的地垫，然后找到家里的一小块空地，就能够随心所欲进行仰卧起坐锻炼了。

图 4-27　仰卧起坐器械立体透视视角效果展示

需要说明的是，腿部助力板和地垫两部分器械正确的位置关系是将地垫的一端超过助力板水平线一定的距离，用于足够放置双腿落脚的空间；并将地垫的大部分面积处于助力板水平线的另一侧（如图 4-28 所示），用于健身者上半身躺卧。

图 4-28　由腿部助力装置和坐垫构成的器械摆放效果展示

健身器械搭建好后，健身者首先躺在地垫上，把双腿越过助力板，并将小腿肚靠于斜面固定双腿，使其能够辅助发力。将双手轻轻放于头部两侧或采取抱胸姿势，然后起身向前卷腹即可（如图 4-29 所示）。

图4-29　健身者仰卧起坐过程动作状态展示

看完这个设计方案从提出到呈现的过程后，应该能感受到什么是设计以人为本了吧？在使用这款仰卧起坐器械时，从调整健身过程中身体关键着力点出发，规范仰卧起坐正确姿势，避免不标准的健身动作所导致的身体损害。进行健身器械产品设计时，首先应保持客观，敢于发现现有模式下存在的问题。进而通过改良设计，提供一种更优化的解决方案，使产品能因此不断迭代进步。

思考与实践：

1. 在仰卧起坐等锻炼项目中，人们应注意哪些防止受伤的动作要领？
2. 在选择运动器械时，如何通过对产品的分析判断其使用必要性？
3. 尝试找到平时锻炼时存在的一些痛点问题，并思考如何解决。
4. 除了市面上不断出现的各种运动器械及运动用品之外，还存在哪些不一样的设计可能性？运动产品还可以有怎样的特殊形式？

4.4 防职业病的化妆桌椅

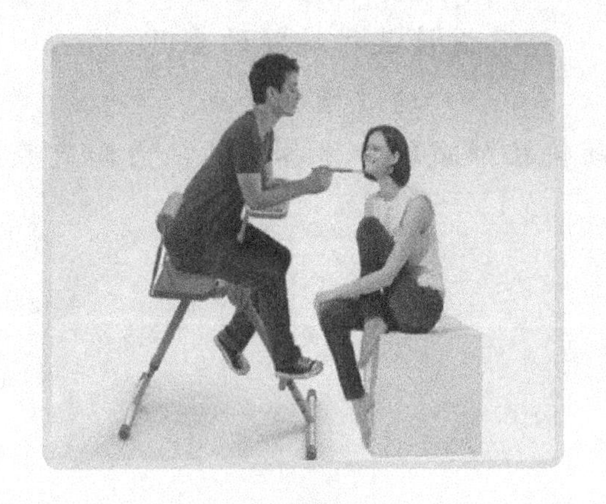

在这个姿势的基础上，
设计某种辅助的坐具，
通过增加支点，
帮助化妆师减轻身体各处的压力和疲劳感。

关于“职业病”的问题，你关注过吗？职业病原本是指企事业单位的劳动者在职场工作时，因为接触粉尘、放射性物质和其他有毒物质等因素而引起的疾病。并且在我国，只有被列入职业病目录的疾病才属于法定职业病范畴。也许你会和我一样追问：我们平时经常听到周围的人提及那些因为工作压力导致的身体劳损状况，比如出现腰酸背痛，甚至更严重的关节炎等疾病就不算职业病吗？暂时都不算！根据健康中国职业健康保护委员会等权威机构确定，也仅将颈椎病、肩周炎、腰背痛、骨质增生、坐骨神经痛（如图4-30所示）列为劳动者个人应当预防的疾病。所以诸如颈椎病、肩周炎等疾病目前也只是被列为应当预防疾病，而不是“法定职业病”！即便随着我国社会保障能力不断提高，这些疾病有可能被列入职业病相关目录，但在操作上也依然存在客观障碍。

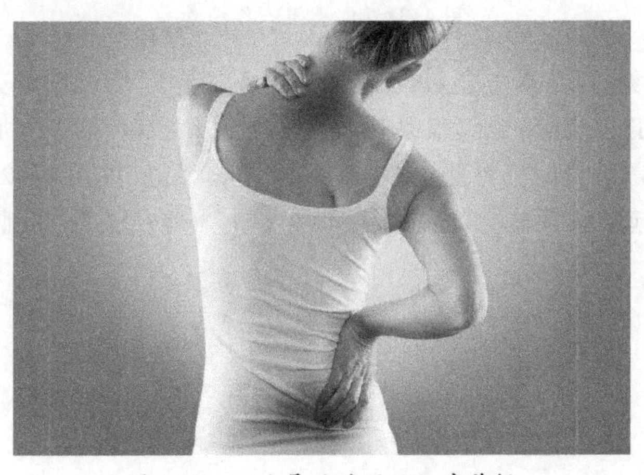

图4-30　职业导致的腰、颈、肩劳损

不被列为职业病的那些“应当预防的疾病”(如颈椎病、肩周炎、腰背痛、骨质增生、坐骨神经痛等)真的离我们很远吗?恰恰相反,在现代社会环境影响下,我们人人都有这类疾病倾向。由于工作中的不良姿势都会导致此类疾病发生:久坐、久卧、久站等,更严重的是歪着身子久蹲。下面我们基于某种职业状况,着重探讨这些由于职业影响的更应被重视的广义“职业病”。

化妆师是现代社会新兴的一种职业,指具有一定艺术造诣、美学素养、绘画基础甚至具备历史知识和观察分析能力的职业人才。他(她)们通常带领和指导助手在幕后化妆间(如图4-31所示),承受长时间采用站姿或半蹲姿势的压力,且对颈、肩、腰、手肘等各处没有支撑的状态下,坚持完成各种场合的面部形象及整体形象美化。这是一项对综合技术要求很高的工作。

图4-31 化妆间工作场景

目前市场上,基本上还没有专门为化妆师专门设计缓解劳损的坐具。市场上已有的化妆凳,也仅仅是化妆者给自己化妆时使用。所以化妆师为别人化妆还是以长时间站立,或半弯着腰化妆姿势(如图4-32所示)为主,非常容易引起腰酸背痛,甚至患上腰椎间盘突出等严重的“职业病”,影响从业的长久度。

图4-32　化妆师常用的化妆姿势

因此，为职业化妆师提供一种结构设计合理，稳定舒适，健康耐用的便携式化妆用的坐具，显得尤为必要。给特定人群设计坐具，不能仅仅参考常规的座椅尺寸进行设计，必须首先充分了解职业特性，以及他们在工作中长时间采用的身体姿势。上述情况可知，化妆师工作中基本保持半蹲的姿势，身体重心总要往左右倾斜并保持。由此倒是可联想到一种在习武或健身锻炼时通常用到的基本功训练姿势——扎马步（如图4-33所示）。关于马步训练法，全世界都在使用。由马步演变出许多训练动作，有高低马步变换，还有左右移动的马步训练，这些动作能够锻炼到人体的腰腹等核心力量，既能避免肌肉和骨关节损伤，也能调整人的身体仪态。

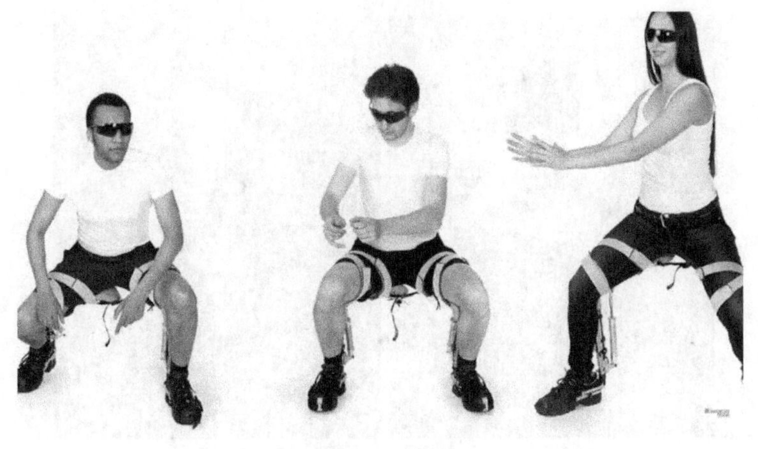

图4-33　马步训练

其实马步本身也在许多职业当中有所体现。比如摄影师经常在拍照的过程中，时不时会切换各种马步姿势（如图4-34所示），要么半立、要么半蹲，左右移动重心，捕捉不同视角下的精彩画面。

图4-34　马步拍照

化妆师在化妆时也能够主动使用马步的姿势（如图4-35所示），很大程度上减轻腰部等身体各处位置的肌肉压力。相对实现更持久的化妆作业，尽量避免身体劳损。采取这种姿势对身体保护效果更佳。但如果要保持更持久的高强度工作状态，则需要在这个姿势的基础上，设计某种辅助的坐具，通过增加支点，帮助化妆师减轻身体各处的压力和疲劳感。

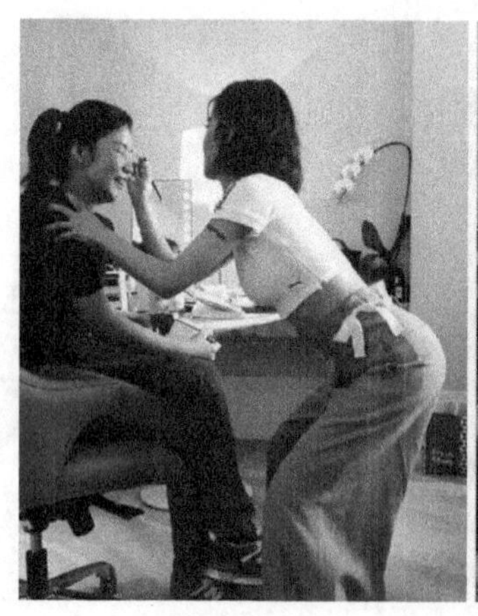

图4-35　化妆时的马步动作

基于化妆师所需要的这种辅助坐具，笔者团队设计出了一种便携式化妆师专业化妆椅。主要功能结构包括支撑主体结构衔接可调节高度的支撑前腿和支撑后腿，骑在椅子上，有专门的踏脚结构，以及其上的托手（置物）平台和后部的腰靠结构等（如图4-36所示）。

通过设计这些支撑点位的功能结构，可以将原本化妆时无法助力的马步姿势，变化为得到最大程度辅助支撑的骑乘姿势。人们只需像骑马一般骑在这个椅子上化妆，就能轻松地缓解腰、颈、肩、手肘等各处肌群的紧张压力。并且能够一直保持重心居中，避免身体失衡，让化妆师能长时间踏实、稳定的去完成各个步骤的化妆任务。

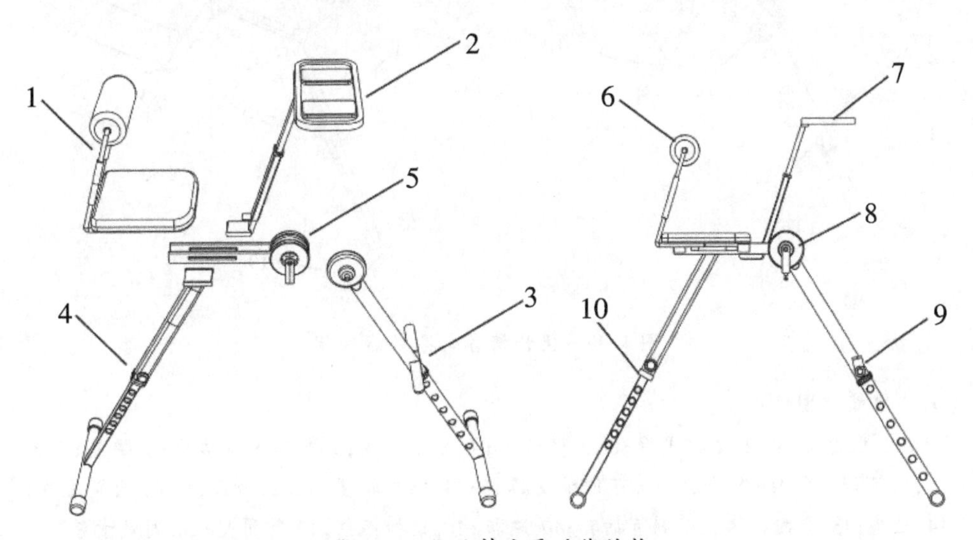

图4-36　化妆椅主要功能结构

在保证化妆椅的主要功能基础上，将各部分细节结构进一步功能细化（如图4-37所示），通过细节体现人文关怀。比如置物平台，主要功能是用来托住手肘，让化妆师能够有一个稳定的肘部支撑，可以精准、细腻地进行化妆作业。在这个置物平台结构中，专门设计了托手软垫，令手臂搁上去非常柔软舒适，触感亲切。而在其间设置的置物凹槽，可以将各种化妆工具放在里面，便于拿取，节省时间。

前后腿支撑，也可以根据化妆时的姿势改变而调节高度及前后的倾斜角度，并且配上专门的踏脚可以让两只脚牢牢地踏在板上，弯曲膝盖使腿部肌肉尽量放松。

而腰靠结构则可以良好地对腰臀部位起到支撑作用，不仅起到了垫靠的功效，还调整了化妆师的生理弯曲姿势，避免腰背向外侧过弯，造成腰椎间盘突出等疾病隐患，还能够限制化妆师不由自主向后倾斜角度过大，避免后倾翻落的隐患。

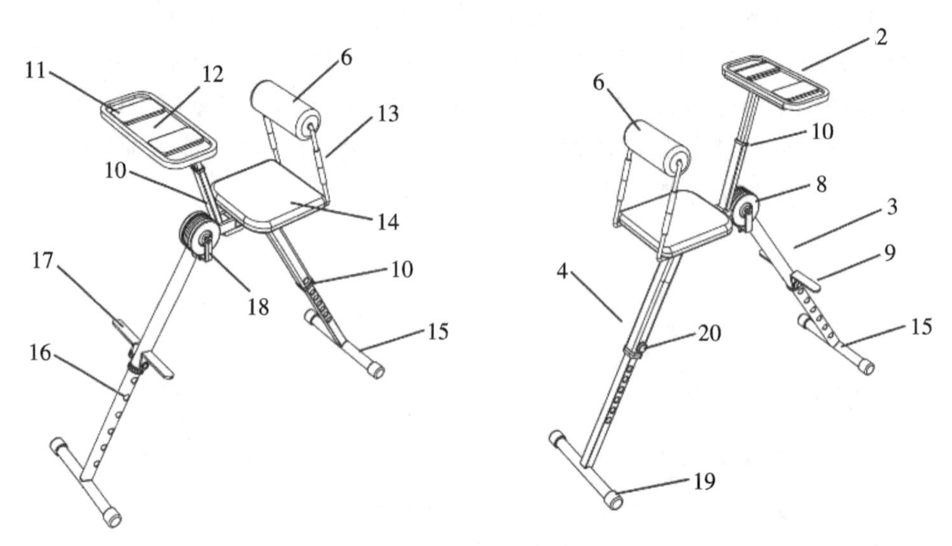

图 4-37　化妆椅各部分功能细节

本案例图注：

1. 腰靠结构；2. 置物平台；3. 支撑前腿；4. 支撑前腿；5. 支撑主体结构；6. 腰靠；7. 手托；8. 可调节转轴；9. 踏脚；10. 可伸缩支撑杆；11. 托手软垫；12. 置物槽；13. 可调节靠撑；14. 坐垫；15. 平衡撑脚；16. 调节插孔；17. 踏板；18. 锁扣插销；19. 防滑垫；20. 固定卡锁

从这款化妆师专用椅的使用场景展示效果(如图 4-38 所示)来看，整体结构明确合理，使用过程安全可靠，根据尺寸规格灵活可调，能够解决化妆师在化妆时采用特殊姿势下的工作需求。在原先较为合理的马步姿势的基础上，创新设计出与坐(蹲)、踏(脚)、靠(腰)、撑(手肘)等各支撑点位置相吻合的功能结构，为化妆师提供了稳定、舒适、健康、持久地帮助。

产品设计始终要从人的具体需求出发。从这个案例来看，首先应对某个具体职业工作状态有一定了解，然后根据其职业特性、身体姿势、环境影响等多方面情况逐步调研，再逐步推进设计，最后才能完成具有实际价值的产品。让产品真正成为目标人群的福音，通过使用它们，有效避免因职业引起的疾病伤害。

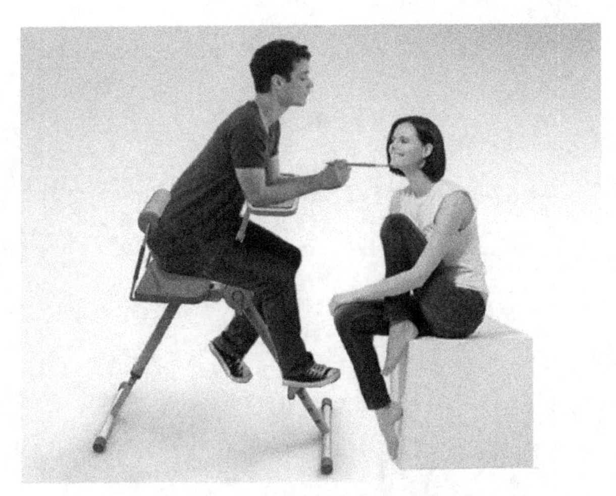

图4-38　化妆椅使用场景展示

思考与实践：

1. 当持续工作导致状态下降时，缓解不适或引导改善的方法有哪些？
2. 目前已有的家具产品中，有帮助校正姿势或缓解压力的设计吗？
3. 为什么当人们从事某种工作时，明明存在问题却想不到更好的解决办法？这类产品设计的阻力有哪些？

4.5 看顾同步的拉杆把手

当使用者坐在位置上，
目光顺势落下，
既能方便使用移动设备，
又顺便照看好随身行李物品。

在现代快节奏的生活环境下，人们往往会感觉到时间不够用，有太多的事情需要去操心，需要着手处理。但是人们的时间又常常被大量消耗，总是在等待的过程中，时间就这样悄然从身边溜走。比如当人们外出旅行时，不论是在等飞机，还是等高铁、动车或其他交通工具……只要望一望候机大厅，互相不认识的人们各自坐在座位上，身边放着旅行箱及随身物品，默默地刷着手机（如图4–39所示），目光就这么一直停留在手机上，直等到提醒登机检票才起身。更有甚者，居然刷着刷着睡着了，安全意识实在令人担忧。

图4–39　候车大厅看着手机等待的人们

其实，人们常常因为过分关注自己手机里的内容，而忽视不断变窄的视线外的情况。甚至连看管好自己的随身物品的能力，都变得非常受限，这是现代人的一种通病。所以才会有那么多新闻报道，在等候区有人遭遇物品失窃或遗留的情况发生等等。正因如此，有些年轻人为了能刷手机的同时，又尽量保管好随行物品，干脆不管三七二十一整个人直接坐在旅行箱上，放心大胆开始看手机。殊不知，这样反而更不安全，万一精力过分集中，人从行李箱上跌落下来，则会造成更大的人身及财产损失。并且这种长时间低头的姿势，也会让人感到浑身不适，造成头晕，进而引起颈椎病，腰酸背痛也随之而来，身体的各种影响都会出现。

基于上述问题，目前市场上也已经出现了一些实验性的产品，主要围绕手机与行李箱两者展开设计。比较简单的做法是在行李箱中安置充电设备，用充电线连接手机，使彼此之间形成联系（如图4-40所示），互相兼顾。相对来讲，这种做法会比直接坐在行李箱上要更加稳妥，身体姿势也会更加舒适些。但尽管如此，人们还是不能解放自己的双手，一直拿着手机也会比较累，从看手机视频的角度考虑，也不是特别理想，仍然无法摘掉“低头族”的帽子。

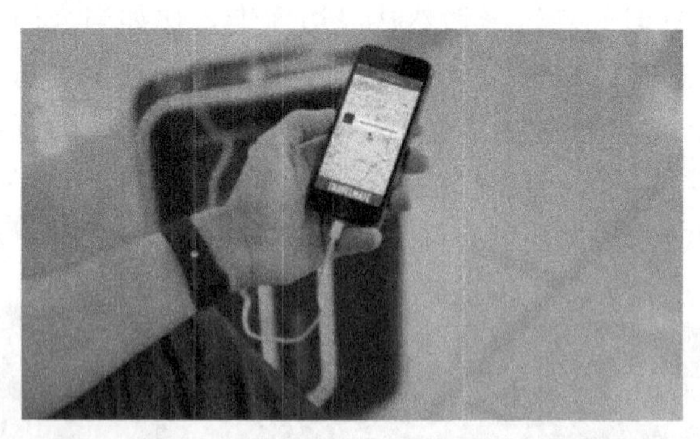

图4-40　通过手机充电线连着行李箱看管物品

为了进一步解放旅客的双手，我们将对行李箱本身的结构进行研究，比如行李箱的拉杆及把手位置的功能（如图4-41所示）。通过分别对拉杆和把手两个部分的功能分析，可以得出两点对支架设计有利的结论：1、行李箱拉杆是可以伸缩调节高度的，并且可调档及固定高度位置；2、拉杆顶端的把手结构，除了设有控制伸缩的按钮之外，并无其他功能，换言之为增设支架提供空间。并且通过观察，可以发现把手本身的尺寸比例，也很适合进行优化设计，能够作为手机支架的重要载体。同时利用拉杆本身可上下调节高度的功能，进一步为手机支架设计带来视角可适性的保证。

图4-41　行李箱拉杆及把手的功能分析

产品设计的前期调研非常关键，使设计从起初就把握产品主要的功能需求。抓住设计重点分析，确定行李箱上增加手机支架的功能，应与本身拉杆和把手的功能有机结合。进而将概念设计，落实到具体结构设计中，这样也许能够得到更实际的结构与功能之间的转化。围绕着这个目标，笔者团队通过多次尝试，设计出了几种不同解决路径的手机支架方案。

首先提出的一种带有手机支架功能的拉杆把手方案，其创新点在于巧妙地利用拉杆把手部分多余的空间，将手机支架结构既能完全隐藏收在其中，又能通过拉伸、旋转等操作将其打开使用。通过优化设计的手机支架拉杆，使原先结构单一的拉杆变成了可调节高度，且适应不同尺寸手机支架。根据手机支架使用步骤演示（如图4-42所示），首先通过按压的方式将两侧支撑脚弹出，进而利用弹簧轨道使其旋转角度并向两侧对称撑开。当支撑脚完全架住手机后，支架受到手机下沉的重力影响，两侧支撑脚上缘向内收缩夹紧手机。

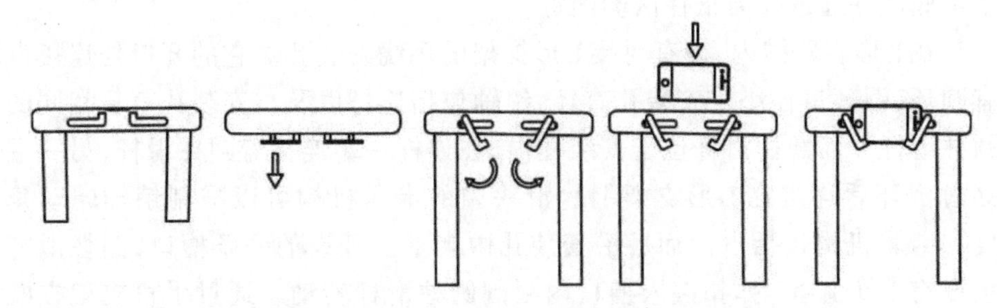

图4-42　手机支架方案1的使用步骤演示

该方案的最大优势在于整个手机支架结构可完全隐藏，即作为手机的主要支撑结构的L形支架，可以正好收纳在对应的L形容纳槽内。L形支架可在L形容纳凹槽内自如活动，主要靠支架脚上的销轴结构，它能在凹槽对应的安装孔内滑动以便调节L形支架与拉杆两侧端面距离。其具体结构为在一号滑槽右端以及二号滑槽左端，分别连通一个纵向开设在拉杆前端面上的杆槽，且一号滑槽、二号滑槽分别与杆槽构成L形容置槽。固定槽开设于杆槽底部，L形容置槽与L形支架大小相适配，以实现L形支架嵌入L形容置槽，且L形支架嵌入L形容置槽时固定块插入固定槽内固定（如图4-43所示）。

在拉杆把手上设置匹配手机支架轮廓的凹槽结构设计起到保障行李箱拉杆把手结构强度的作用。凹凸阴阳对应的结构，可应对各种外力影响下的磕碰损伤。它不仅起到防摔作用，而且能够在支架使用过程中，通过连杆作用使左右对称，同步滑动位置。

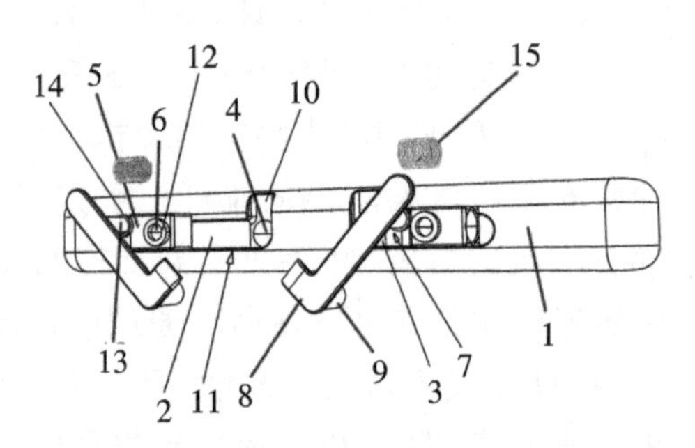

图4-43 手机活动支架在凹槽内滑动及固定

手机活动支架不仅能够根据手机尺寸调节间距宽度，还能旋转角度，使手机落入L形支架脚受重力影响形成的"兜"中（如图4-44所示），牢牢托住手机底部并通过弹力抵住两侧固定。

在L形容置槽内，设有对接L形支架的环绕安装孔。它的开口处连接设有圆环，圆环口径小于安装孔直径，销轴包括连杆以及与安装孔直径相同的圆柱滑杆。而圆柱滑杆位于安装孔内，在连杆一端连接着圆柱滑杆，另一端穿过圆环后连接在L形支架上。滑块内的卡紧机构可以限制销轴转动角度。卡紧机构包括自前而后沿安装孔内侧壁上开设的一条槽口，圆柱滑杆上设有一个弹扣，弹扣嵌入槽口内限制圆柱滑杆转动。通过手机支架在既定轨道内的一"滑"一"转"，实现了解放使用者双手的愿景，再也不用头昏脑胀地一直拿着手机了。

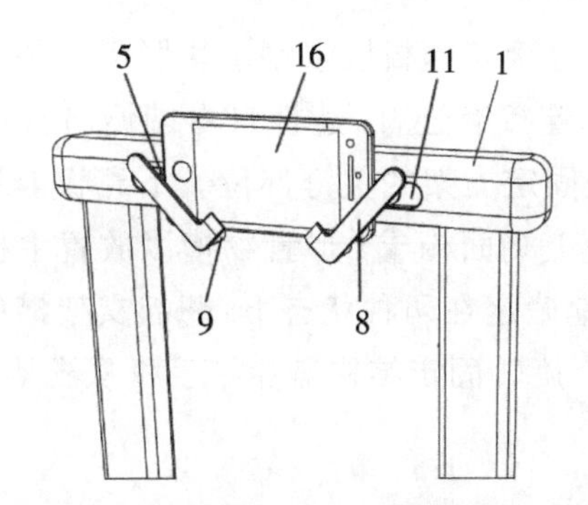

图4-44　支架托住手机底部并抵住两侧固定

本案例图注：

1.拉杆把手；2.一号滑槽；3.二号滑槽；4.固定槽；5.滑块；6.安装孔；7.销轴；8.L形支架；9.固定块；10.杆槽；11.L形容纳槽；12.圆环；13.连杆；14.圆柱滑杆；15.弹簧；16.手机

第二个方案是一款可普适常规行李箱拉杆的手机支架设计。通过支架内的弹簧释放弹力，将两头卡爪扣在拉杆铝型材上，使整个支架固定在拉杆部位（如图4-45所示）。手机（移动设备）就可以放在支架上，便于在候车时使用移动设备。这个方案的优点也是解放双手，既可方面使用移动设备，又可同时照看随身物品。除此之外，基于普适功能的结构设计也更灵活。整个支架采用可拆卸结构，适配各式拉杆，不需要担心匹配度的问题。在候车时，使用这种手机支架，只需将卡爪固定在行李箱拉杆上，随即将移动设备置于置物槽内就好。支架结构的高度调节，同样可配合调节行李箱拉杆的高度，达到使用最佳观感效果。

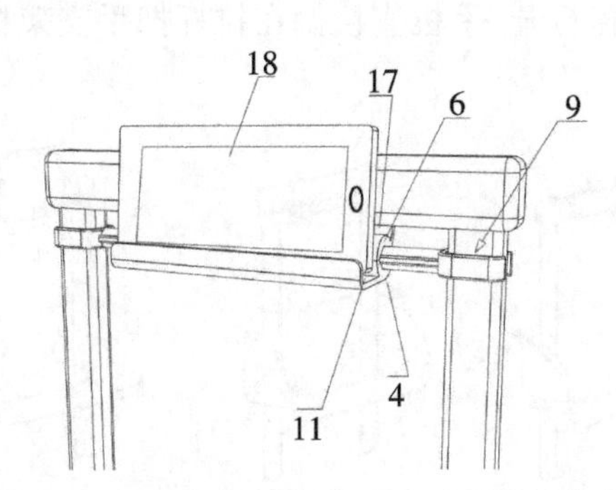

图4-45　独立支架可安装于不同型号的拉杆上

整个支架结构（如图4-46所示）安装于行李箱拉杆上，包括上壳板、下壳板，且上、下壳板上均连接有滑槽，两个滑槽拼合成管道。管道内可滑动设有两个滑块，管道两端口连接有挡板以限制滑块脱出。在两个滑块之间通过弹簧进行连接，滑块上均连接有连杆，连杆自由端伸出管道且连接有卡爪。卡爪结构较为严密，这是固定支架的关键部位。下壳板前端边弯折且延伸有限位板，限位板与上壳板上端面构成L形置物槽以放置手机。限位板和弹簧结构帮助手机支架很好地确定在两种状态下：翘起支架槽的收拢状态和下旋展开支架槽的置物状态。旋转固定结构避免了手机从支架跌落的隐患。

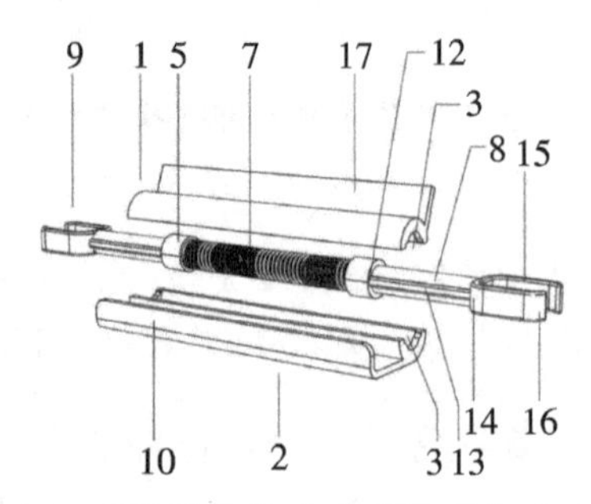

图4-46　可通过旋转角度放置手机的支架托

本案例图注：

1.上壳板；2.下壳板；3.滑槽；4.管道；5.滑块；6.挡板；7.弹簧；8.连杆；9.卡爪；10.限位板；11.L形置物槽；12.键槽；13.键；14.底板；15.侧板；16.卡板；17.防翻板；18.手机

第三个方案是一款带有翻盖式的手机支架的拉杆把手设计。这个设计方案将手机支架功能更简单直接地与行李箱拉杆把手进行衔接。采用翻盖式的结构，简单改进结构后，使得原先单一的把手更具实用性(如图4-47所示)。候车人群只需单手将翻盖打开，手机直接搁在拉杆把手支架板上就行了。

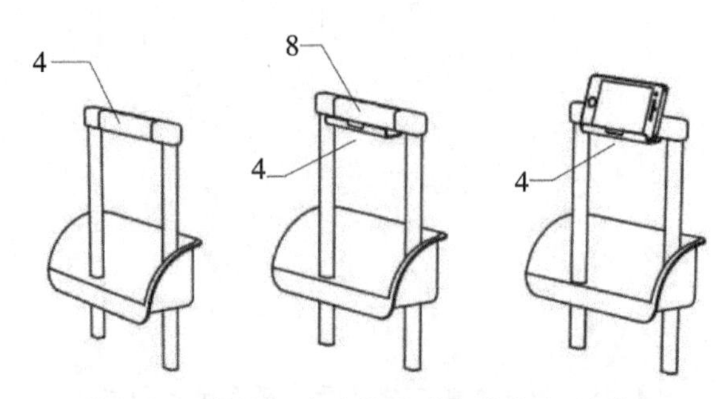

图4-47　采用翻盖结构的手机支架操作简便

使用者仅仅使用单手操作，向下翻开行李箱拉杆把手按钮边缘的槽口，就可轻松出现手机支架板(如图4-48所示)。支架底部连接处安装有两个固定轴,因此手机支架可以旋转打开,便于将移动设备搁于其上。一般情况下翻开把手顺时针旋转90°后,手机支架底部的连接结构就会与把手底部对应位置完美贴合,从而限定支架的旋转角度。当使用者坐在位置上,目光顺势落下,既能方便使用移动设备的同时,又顺便照看好随身行李物品。

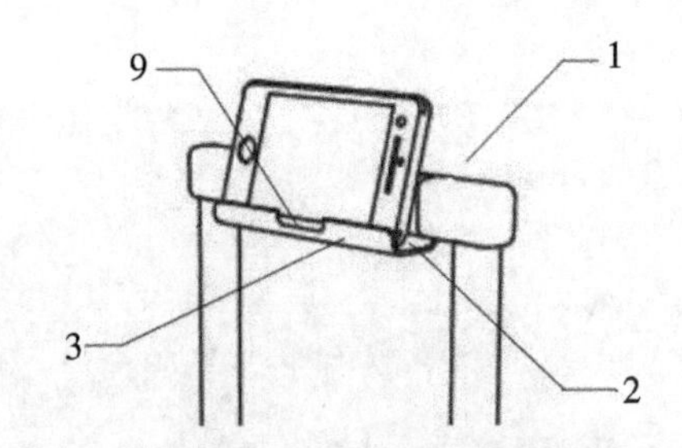

图4-48　翻盖式手机支架板结构简洁稳固

在这个方案中,手机支架的表现形式(如图4-49所示)相较前面提到的两种方案明显更为简单直接。这是因为企业想要开发一种新的产品功能,必须首先考虑两个方面:一是改良之后的使用强度能否保证,质量是摆在第一位的。如果因为支架结构的增加,使原先拉杆把手结构变得更易摔坏,那就划不来了。二是生产成本,如果增设手机支架功能不能使箱包售价大幅提升,且并不能作为主要卖点时,就没有必要投入过大的成本。若是把这个附加功能做得过于复杂,也许反而本末倒置了,影响销售了。

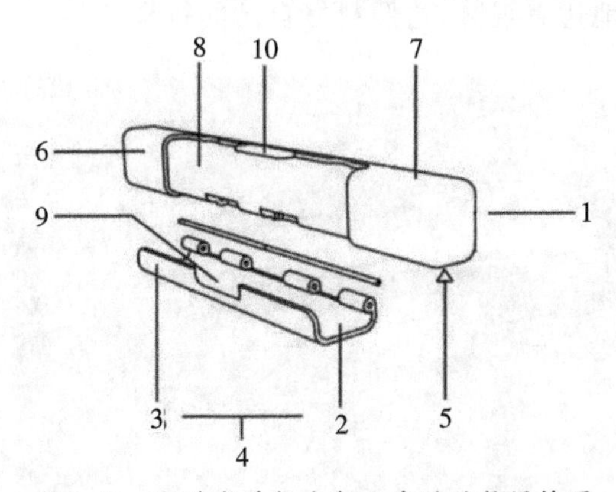

图4-49　翻盖式手机支架方案的结构爆炸图

本案例图注:

1.拉手杆;2.承载板;3.挡板;4.L形手机支架板;5.拉手杆底面;7.拉手杆前端面;7.拉手杆上端面;8.L形凹槽;9.槽口;10.控制按钮

基于这些非常现实的情况考虑，与企业反复修改方案，不断修正模型结构，经过实物模型测试，才最终得以确定这个方案作为后续批量生产的首版打样的模型。从改进后的外观造型来看，当其完全收起支架板（如图4-50所示）时，有非常好的隐蔽性，使拉杆把手看上去既整体统一，又保证了结构强度。

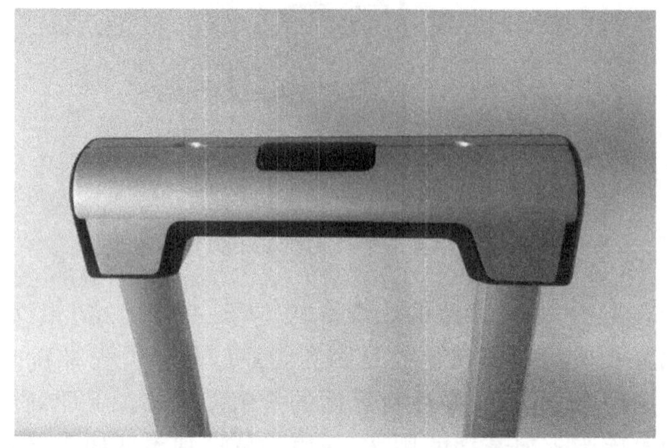

图4-50　手机支架板完全合拢的状态展示

通过拉杆把手按钮两侧的暗扣，用手指掀开支架板（如图4-51所示）后，借助两侧转轴结构平稳下旋打开，形成稳固的手机承载结构。手机放在其中就可以安心地边看视频，边照料好自己的行李了。

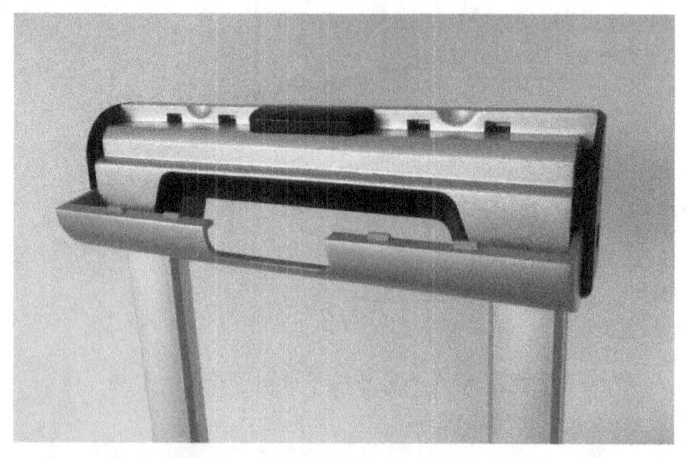

图4-51　手机支架板展开状态展示

因为手机拉杆本身具有高低调节并调档定位的功能，所以增加的手机支架结构（如图4-52所示）之后，便可“锦上添花”，最大程度体现它的功能优势。人们再也不用捧着手机，长时间作“低头族”。

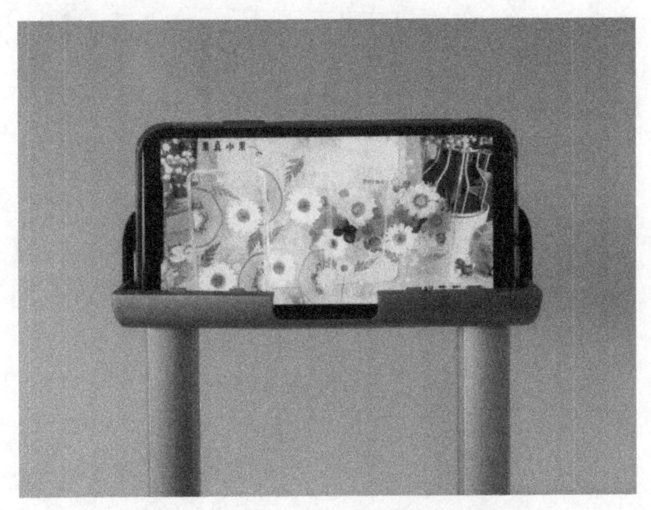

图4-52 手机支架放置手机效果展示

在这个案例当中，我们可以明显体验到设计的过程是曲折的，从概念到最后实现是需要不断调整，才能最终得以呈现。其实产品设计本来就很难，有很多好的设计概念都受到客观条件（生产技术和成本等）的综合因素的影响，最后无法实现。这也是令设计师感到遗憾的事情。但不管怎样，我们都要继续坚持这份信念，不要停止创新的脚步，相信我们最后都会有机会创造属于自己的设计产品。

思考与实践：

1. 基于社会环境影响下，越来越多的人成为“低头族”的问题，我们通过设计应该达到怎样的目的？是设计出令他玩手机更舒适的产品，还是想办法避免这种现象发生？
2. 找到一种常见的社会现象，罗列出它的不良影响，并尝试通过设计的方式去缓解或解决问题。

第5章 CHAPTER 5

专利申请撰写指导篇

当完整的设计概念提出后,应当思考是否具备申请专利的条件,这本身就是一种检验设计创新性与完整程度的标准。而在专利撰写图文资料的准备环节,要明确规范性和关键点。除此之外,应重视知识产权原创性。也正因如此,应该在申请之前大量检索相关授权专利,借鉴优点、避免重复、明确重点。

专利申请的相关技术交底材料填写指导

设计者将具有创新点的设计作品进行专利申请，要准备一些申请所需的相关技术交底材料，其中主要包括发明人和申请人基本信息、专利名称、所属技术领域、现有技术（背景技术）、设计目的、技术解决方案、附图及简单说明、具体实施方式以及其他需要说明的情况等几个重要的方面。

一、发明人和申请人的基本信息

首先是填写发明人信息，一般来讲发明人信息就是具体的设计团队成员的基本信息，因为发明人是自然人，排在发明人名单中第一位的人，要提供他（她）的身份证号码，然后根据专利申请的贡献大小按顺序排列人员名单。而申请人基本上是填写发明人所在的单位，也就是专利权归属人。申请我们本国的专利申请人一般来讲是国内的单位，如果是外籍人士或外资企业申请需要另外注明。

二、专利名称

其次是填写相关类型专利的名称，不论是外观专利还是实用新型专利，或者是发明专利，都要填写专利名称。这个名称必须比较简单而明了地反映该创新技术的涉及面，比如是何种产品、何种装置等，一般名称不能太长，限定在25个字以内。如前面在书中提到的案例“伸缩自如的旅行箱体”，在申请专利时的名称为“一种可调节容量的变形旅行箱结构”。在这个名称中，将旅行箱结构改进重点“可调节容量”“变形”等特点着重描述，直接提出设计创新点。

三、所属技术领域

接着填写专利所属的技术领域，这里只需简要说明该产品或技术应用于什么领域、行业。继续以“伸缩自如的旅行箱体”项目举例，其技术领域即为“旅行箱”。

四、现有技术（背景技术）

然后要比较客观地指出原有技术中存在的问题和缺点。这里一般有两种情况，其一是原有的技术有缺陷，所以需要改进；而另一种情况是可能目前没有这样的技术，新的设计概念算是一种首创的技术方式。那么以案例“伸缩自如的旅行箱体”来讲，在旅行箱行业里，大都为固定容量的箱体（如

图5-1所示),几乎还没有可变形的伸缩调节功能的旅行箱设计。而已经存在的少量类似的变形箱体,不论是硬箱还是软箱(如图5-2、5-3所示),都存在许多技术上的问题和不足:诸如变形结构过于复杂、易造成损坏、自重过大和操作过于复杂等问题。箱体容积则无法进行简单快速的调节,这类箱包存在着收缩不便的缺点。而且靠抓住拉杆提起来倾斜拖着箱子行走时,十分费力。从这部分描述中,我们可以发现正是由于目前的技术有诸多问题(问题越多越有必要改进),才会基于这些问题提出目前的新技术。

图5-1 固定箱体收纳的弊端

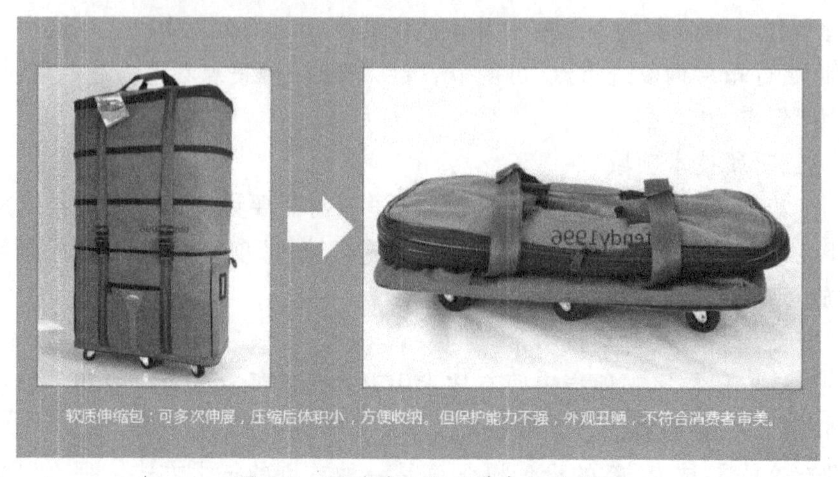

图5-2 软质箱体变形带来的缺点

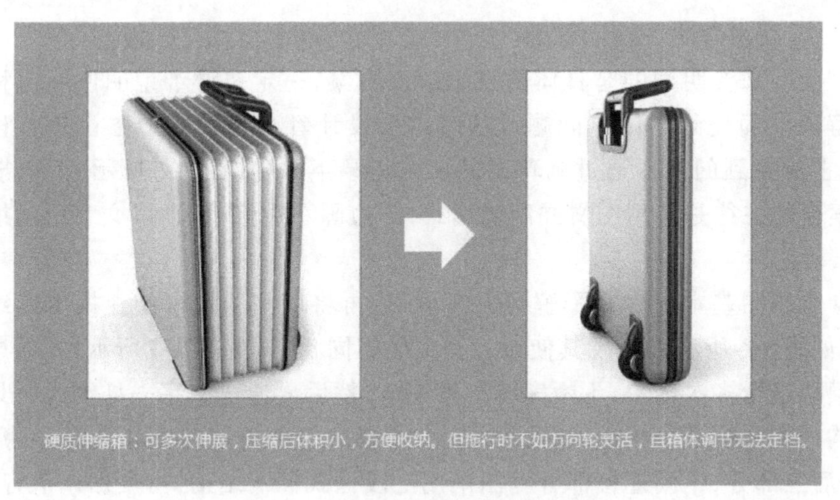

图5-3　硬质箱体变形带来的缺点

五、设计目的

进而需要说明申请这个专利的目的，它所作的改进能够带来什么效果。举例来说，可调节容量的变形旅行箱直接能够根据存放物品的增减变化，使箱体大小随之变化（如图5-4所示）。它能够满足使用者在使用箱包时变化的储物需求，可进行调节，变形过程迅速、稳固。这款箱包取用便捷、变形灵活，且结构牢固。这就是申请专利的主要目的，为使用旅行箱带来便捷。

图5-4　箱体容量大小可变

六、技术解决方案

接下来要明确的是具体的技术解决方案，一定要详细说明使用何种办法解决前面提到的缺点问题。这就需要设计者真正花精力去设想各种方案，把所想到的东西通过画草图的形式记录下来（如图 5-5 所示）。前期的方案草图往往是采用图文并茂的形式，一边画一边修改，辅以文字记录细节和要点。

当草图基本上确定了解决方案，然后再将草图通过电脑建模出三维模型（如图 5-6 所示），以及其使用过程中的不同状态（如图 5-7 所示）。通过三维模拟进行多次试用，不断完善结构细节，然后再通过文字去详细说明具体结构的解决方法（如图 5-8 所示）。比如该案例中完整的箱体外壳分为前、中、后三部分，中间连接部分专门采用三段框式伸缩结构，可变形调节容积。前后箱体外壳与连接部分都通过可调节互字形卡扣的框式结构进行连接。对应框式结构的侧壁及底部设有可活动扣锁结构，安置在固定轨道结构上，可以根据伸缩调节情况在轨道上移动位置：在固定轨道结构上移动的过程中，箱体容积会根据框式结构的扩展或收缩而发生变化；箱体容积变为最大时，整体容积约为最小时箱体的两倍以上。当箱子处于不同容量的状态时，可改变箱包拉杆手柄的角度，使手柄与拉杆合适角度，这样就可以更舒适地掌控箱子，选择向前推动或倾斜拖动。这些文字内容才是技术解决方案部分最重要的交底材料。

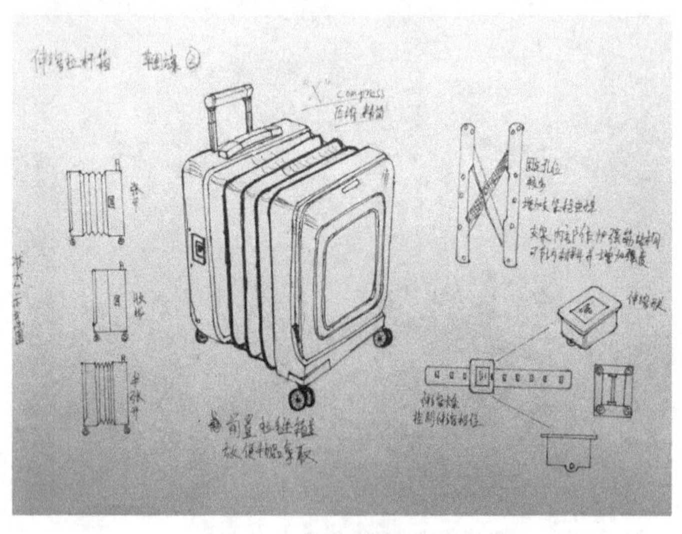

图 5-5　设计方案草图表达

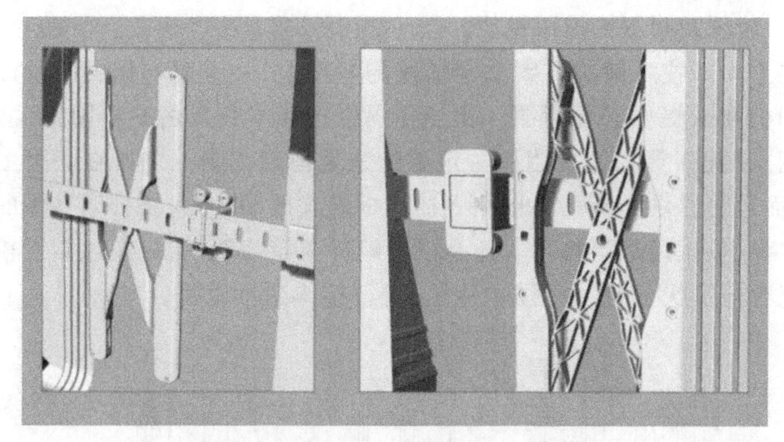

图 5-6　建立伸缩调节结构三维模型

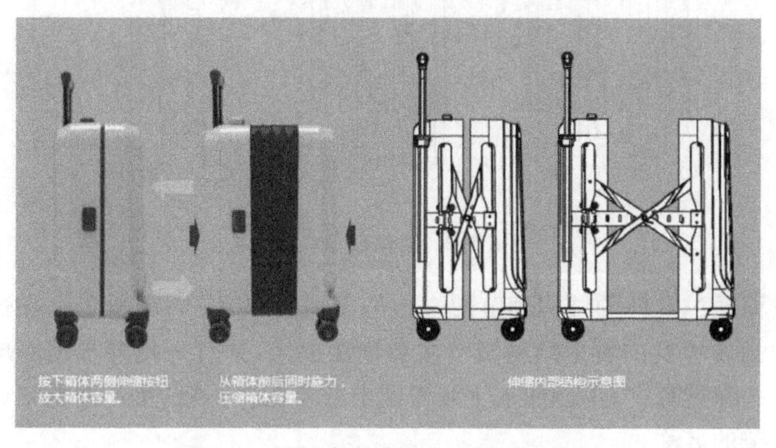

图 5-7　模拟箱体伸缩及调档变化状态

图 5-8　文字描述具体的结构功能

七、附图及附图的简单说明

在上一步技术解决方案文字描述的基础上，一定要将相关的设计图按照专门的要求提供必要附图。比如要提供描述本技术的必要附图（即结构示意图、装配图等），这些附图一定要清楚地体现创新点之所在。附图要求清晰，而且是提供类似CAD图格式的线框模式的图，并且要标明具体的结构细节名称，依次用数字排列。还是以伸缩行李箱为例，首先通过侧面较为清晰的三种伸缩状态图（如图5-9所示）进行整体图示说明。

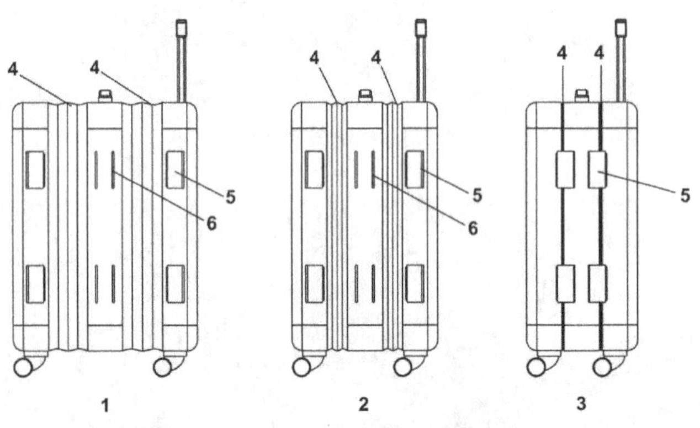

图5-9　整体图示说明

进而通过具体的结构细节图进行补充说明（如图5-10所示），在这类图上将根据所涉及的更多结构细节注意标注出来，并且一定要根据层层递进的形式去编排数字，不能使上下几张图的数字指代不明，更不能重复标记同一处细节的名称。

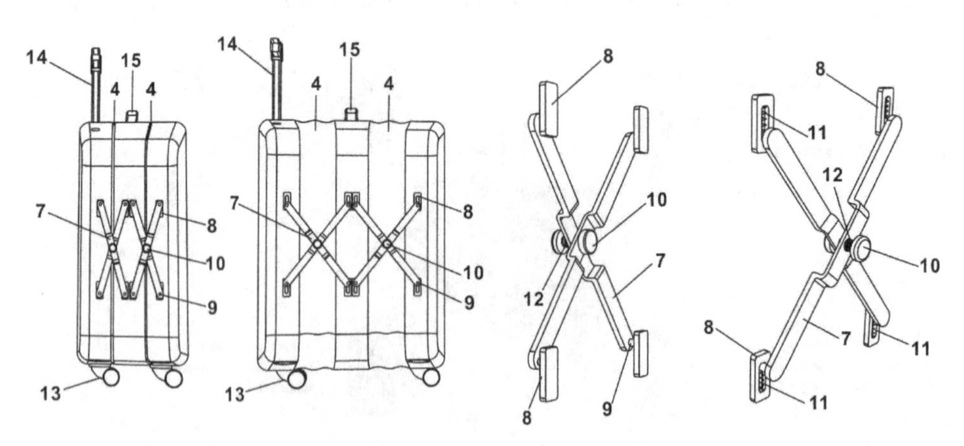

图5-10　伸缩结构具体的细节图

如果有条件的话，最好能够通过透视图的形式（如图5-11所示），去表达上述提及的主要功能及状态效果，这也是作为工业设计专业去申请专利的一大优势。因为其他专业的专利图往往只是通过CAD平面图去表达，而工业设计是可以通过建模出立体造型及结构，再导出线框图，这就使结构造型更清晰明确了。

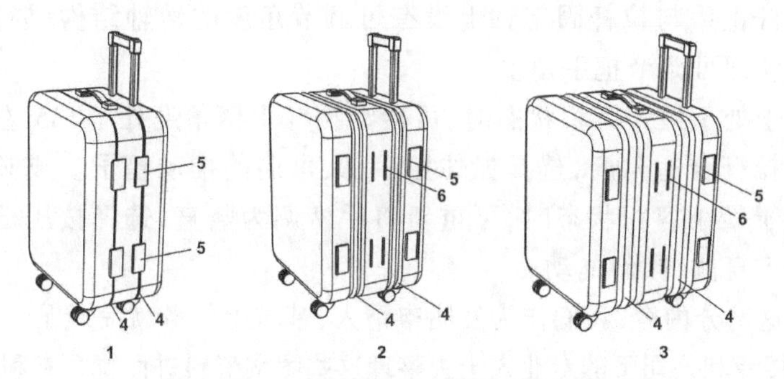

图5-11　透视视角下整体图示说明

作为重要的图片交底材料，当然不能忘了提供附图中标出的具体数字所指代的名称（如图5-12所示），这样图片部分的材料才真正完整。

1、完全伸展 2、部分伸展 3、完全收缩 4、可伸缩连接结构 5、合页搭扣
6、搭扣槽 7、伸缩支撑杆 8、滑轨固定结构 9、滑动支点 10、支撑中心轴
11、滑动伸缩弹簧 12、中轴支撑弹簧 13、万向轮 14、拉杆 15、拎取把手

图5-12　根据数字标注名称

八、具体实施方式

上述几个部分已经基本上把专利申请的重要内容都提出来了，这部分着重需要说明本产品或本技术是如何操作、完成的。这部分的文字叙述最好是根据详细的使用步骤进行逐步说明。根据几个主要的使用场景分别进行描述。以“伸缩自如的旅行箱体”项目举例：

当人们在出行过程中，旅行箱需放置较多物品时，首先打开旅行箱的前盖，打开箱体上端的可分离的手提把手，与此同时逐一打开各段框式伸缩结构侧壁及底部的可活动扣锁，并通过伸展轨道进行伸展，在最大限位孔的位置上重新扣锁固定，将整个箱体完全展开。

当行李物品逐渐变少时，重新将完全展开的箱体进行逐档收缩，逐一打开各段框式伸缩结构侧壁及底部的可活动扣锁，并通过伸展轨道进行收缩，在中间区域适合的限位孔处上重新扣锁固定，将整个箱体根据需要逐档收缩。

当行李物品逐渐清空时，将箱体进行完全收缩，再次打开各段框式伸缩结构侧壁及底部的可活动扣锁，并通过伸展轨道进行收缩，在最小限位孔处重新扣锁固定，并将箱体上端分离的手提把手重新扣住固定，将整个箱体完全收拢，成为类似登机箱大小的尺寸，此时箱体容积变小，也可轻松将箱子收纳于住所的柜子里，节省存物空间。

在拉杆把手与拉杆固定轴上设有可调节角度的转轴结构，握住拉杆把手上下转动即可调节把手角度。

当箱子处于最大容积状态时，可转动拉杆手柄角度处于135°左右位置，使手柄与拉杆合适角度，选择抓住把手，人可向前推动箱子。或倾斜拖行。当箱子处于最小容积状态时，可重新将手柄调为竖直，选择按压把手，人可将箱子置于身侧，倾斜拖动。

填完这部分内容，我们作为发明申请人，基本上任务就完成了。接下去就交给所对接专利公司下的专业人士去整理这些图文资料进而撰写专利就行了。

九、其他需要说明的情况

一般来讲这部分没有什么特别要说明的内容，但如果涉及同类设计的已经申请专利的其他方案（如图5-13所示），倒是可以提供一些文字或图示加以比较，便于专利撰写过程能够进行区别，避免内容重复，提高申请授权的概率。

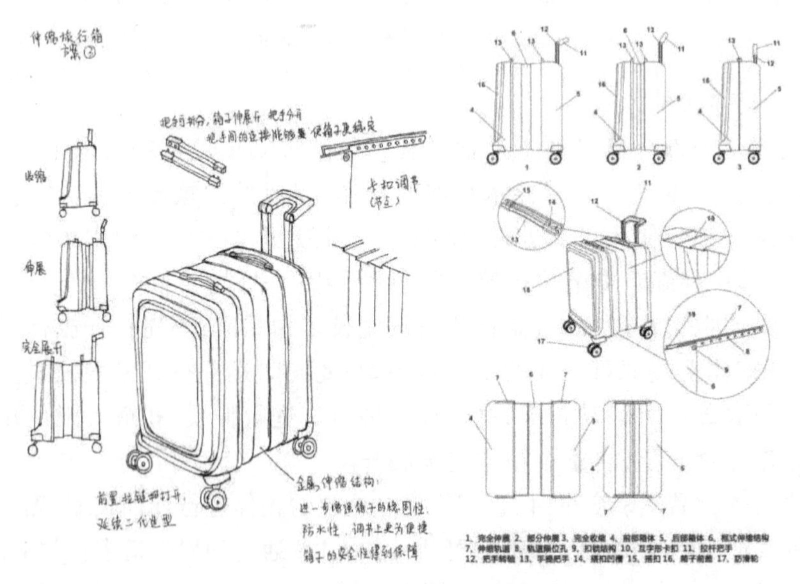

图5-13 同类方案的图文资料

专利交底材料撰写实例说明

当设计者已经准备好了一些申请所需的设计材料，包括发明人和申请人基本信息、专利名称、所属技术领域、现有技术、设计目的、技术解决方案、附图及简单说明、具体实施方式等图文内容之后，还不能直接拿去申请专利。这些材料仍然在需要专利公司相关的专业人士的配合下形成真正的专利交底材料。接下来将以“一种可伸缩旅行箱结构”的交底材料进行实例说明，材料内容主要包括：权利要求书、说明书（附图）和说明书摘要等几个部分。

权利要求书：

1. 一种可伸缩旅行箱结构，包括箱体、万向轮和拉杆，所述箱体的底部设置有万向轮，拉杆设置在箱体的上部，其特征在于：还包括可伸缩连接结构、合页搭扣和交叉支撑结构，所述箱体包括左箱体、中箱体和右箱体，该左箱体、中箱体和右箱体之间通过可伸缩连接结构，箱体的侧面设置有合页搭扣，交叉支撑结构活动设置在箱体的侧面。

2. 根据权利要求1所述的可伸缩旅行箱结构，其特征在于：所述交叉支撑结构包括两个伸缩支撑杆、滑轨固定结构、滑动支点和支撑中心轴，所述两个伸缩支撑杆之间通过支撑中心轴相连，滑轨固定结构设置在箱体上，伸缩支撑杆的端部通过滑动支点与滑轨固定结构活动相连。

3. 根据权利要求1或2所述的可伸缩旅行箱结构，其特征在于：所述交叉支撑结构还包括滑动伸缩弹簧和中轴支撑弹簧，该滑动伸缩弹簧和中轴支撑弹簧分别设置在滑轨固定结构处和支撑中心轴处。

4. 根据权利要求1所述的可伸缩旅行箱结构，其特征在于：还包括搭扣槽，所述中箱体上设置有搭扣槽，该搭扣槽与合页搭扣匹配。

5. 根据权利要求1或2所述的可伸缩旅行箱结构，其特征在于：所述交叉支撑结构采用伸展有撑开弹力的交叉支撑结构。

6. 根据权利要求1所述的可伸缩旅行箱结构，其特征在于：所述可伸缩连接结构采用风琴防护罩式结构。

7. 根据权利要求1所述的可伸缩旅行箱结构，其特征在于：还包括拎取把手，所述拎取把手设置在箱体的上部。

8.根据权利要求1或2所述的可伸缩旅行箱结构,其特征在于:所述交叉支撑结构为两个,该两个交叉支撑结构分别设置在左箱体和中箱体以及中箱体和右箱体之间。

说明书:

一种可伸缩旅行箱结构

技术领域

本实用新型涉及一种箱结构,尤其是涉及一种可伸缩旅行箱结构,它属于旅行箱包领域。

背景技术

在旅行箱包行业里,几乎还没有可以伸缩调节箱体大小的箱包产品。绝大部分产品都是结构固定,针对使用者最大收纳物品容量的诉求,制造相应尺寸的箱包。

如果使用者在使用箱包的过程中,随身的物品减少或增加,箱体容积则无法进行相应调节。这类箱包存在着取用不灵活、便携性弱的缺点,且收纳放置于室内也比较占用空间。

实用新型内容

本实用新型的目的在于克服现有技术中存在的上述不足,而提供一种结构设计合理,安全可靠,取用灵活,可伸缩的结构使得在旅行中更加便携,且收缩后放置于室内节省空间的可伸缩旅行箱结构。

本实用新型解决上述问题所采用的技术方案是:该可伸缩旅行箱结构,包括箱体、万向轮和拉杆,所述箱体的底部设置有万向轮,拉杆设置在箱体的上部,其特征在于:还包括可伸缩连接结构、合页搭扣和交叉支撑结构,所述箱体包括左箱体、中箱体和右箱体,该左箱体、中箱体和右箱体之间通过可伸缩连接结构,箱体的侧面设置有合页搭扣,交叉支撑结构活动设置在箱体的侧面。

作为优选,本实用新型所述交叉支撑结构包括两个伸缩支撑杆、滑轨固定结构、滑动支点和支撑中心轴,所述两个伸缩支撑杆之间通过支撑中心轴相连,滑轨固定结构设置在箱体上,伸缩支撑杆的端部通过滑动支点与滑轨固定结构活动相连。

作为优选,本实用新型所述交叉支撑结构还包括滑动伸缩弹簧和中轴支撑弹簧,该滑动伸缩弹簧和中轴支撑弹簧分别设置在滑轨固定结构处和支撑中心轴处。

作为优选,本实用新型还包括搭扣槽,所述中箱体上设置有搭扣槽,该搭扣槽与合页搭扣匹配。

作为优选,本实用新型所述交叉支撑结构采用伸展有撑开弹力的交叉支撑结构。

作为优选,本实用新型所述可伸缩连接结构采用风琴防护罩式结构。

作为优选,本实用新型还包括拎取把手,所述拎取把手设置在箱体的上部。

作为优选,本实用新型所述交叉支撑结构为两个,该两个交叉支撑结构分别设置在左箱体和中箱体以及中箱体和右箱体之间。

本实用新型与现有技术相比,具有以下优点和效果:结构设计合理,可伸缩旅行箱包,

能够满足使用者在使用箱包的过程中,随身的物品减少或增加,箱体容积则进行相应调节的诉求;取用灵活、可伸缩的结构使得在旅行中更加便携,且收缩后放置于室内也节省空间。

附图说明

图1是本实用新型实施例的整体结构完全伸展示意图。图2是本实用新型实施例的整体结构部分伸展示意图。

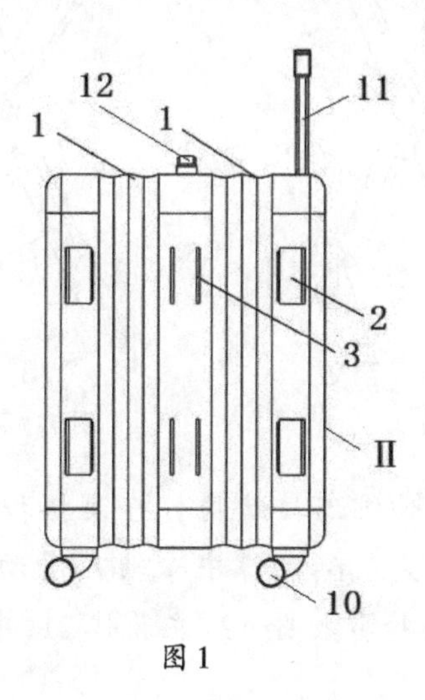

图1

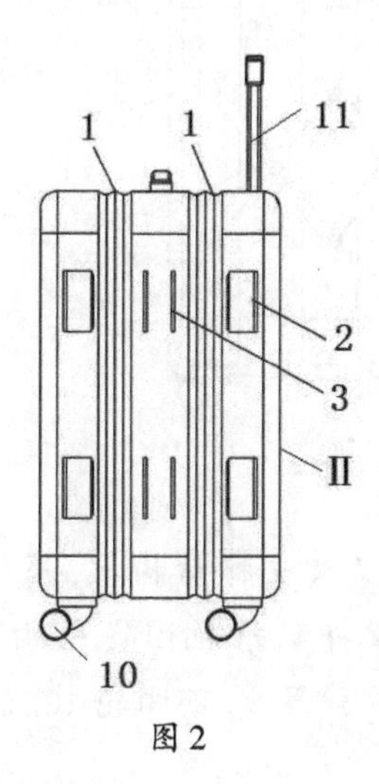

图2

图3是本实用新型实施例的整体结构完全收缩示意图。图4是本实用新型实施例的侧面结构示意图一。

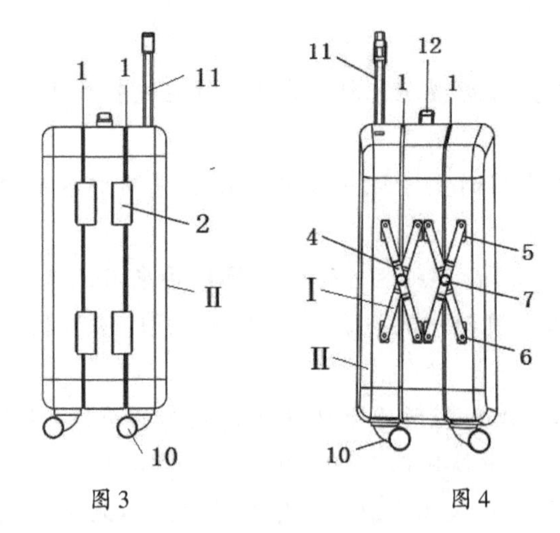

图3　　　　图4

图5是本实用新型实施例的侧面结构示意图二。图6是本实用新型实施例的交叉支撑结构示意图一。图7是本实用新型实施例的交叉支撑结构示意图二。

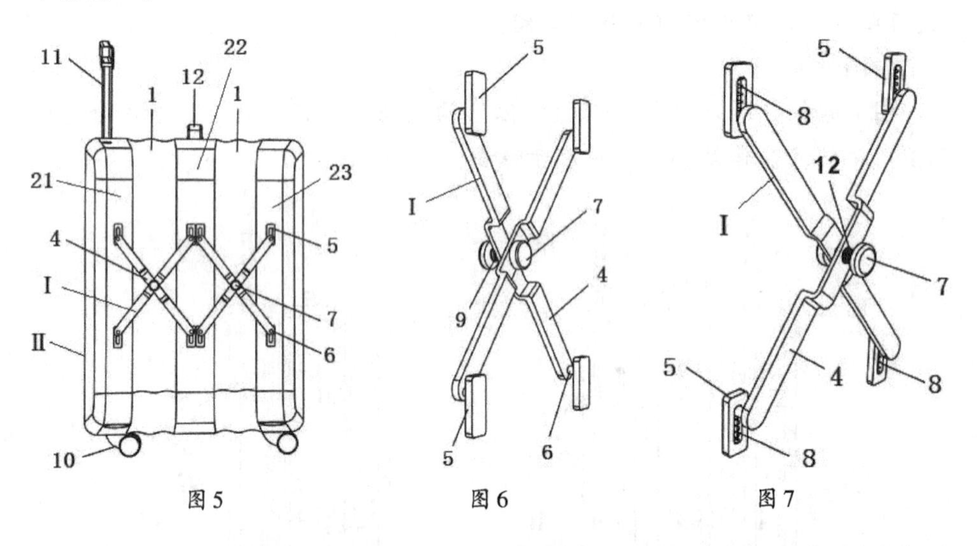

图5　　　　图6　　　　图7

图中：交叉支撑结构Ⅰ，箱体Ⅱ，可伸缩连接结构1，合页搭扣2，搭扣槽3，伸缩支撑杆4，滑轨固定结构5，滑动支点6，支撑中心轴7，滑动伸缩弹簧8，中轴支撑弹簧9，万向轮10，拉杆11，拎取把手12，左箱体21，中箱体22，右箱体23。

具体实施方式

下面结合附图并通过实施例对本实用新型作进一步的详细说明，以下实施例是对本实用新型的解释而本实用新型并不局限于以下实施例。

参见图1至图7，本实施例可伸缩旅行箱结构包括箱体Ⅱ、万向轮10、拉杆11、可伸缩连接结构1、合页搭扣2和交叉支撑结构Ⅰ，箱体Ⅱ的底部设置有万向轮10，拉杆11设置在箱体Ⅱ的上部，拎取把手12设置在箱体Ⅱ的上部。

本实施例箱体Ⅱ包括左箱体21、中箱体22和右箱体23，该左箱体21、中箱体22和右箱体23之间通过可伸缩连接结构1，箱体Ⅱ的侧面设置有合页搭扣2，交叉支撑结构Ⅰ活动设置在箱体Ⅱ的侧面。

本实施例的交叉支撑结构Ⅰ包括两个伸缩支撑杆4、滑轨固定结构5、滑动支点6、支撑中心轴7、滑动伸缩弹簧8和中轴支撑弹簧9，两个伸缩支撑杆4之间通过支撑中心轴7相连，滑轨固定结构5设置在箱体Ⅱ上，伸缩支撑杆4的端部通过滑动支点6与滑轨固定结构5活动相连。

本实施例的滑动伸缩弹簧8和中轴支撑弹簧9分别设置在滑轨固定结构5处和支撑中心轴7处。

本实施例的箱体Ⅱ上设置有搭扣槽3，该搭扣槽3与合页搭扣2匹配。

本实施例的交叉支撑结构Ⅰ采用伸展有撑开弹力的交叉支撑结构Ⅰ；可伸缩连接结构1采用风琴防护罩式结构。

本实施例的交叉支撑结构Ⅰ为两个，该两个交叉支撑结构Ⅰ分别设置在左箱体21和中箱体22以及中箱体22和右箱体23之间。

将完整的箱体Ⅱ外壳分为左箱体21、中箱体22和右箱体23三部分，可伸缩连接结构可伸缩连接结构采用风琴防护罩式结构，可自由伸缩容积。各部分箱体Ⅱ外壳与连接部分都通过可伸展有撑开弹力的交叉支撑结构Ⅰ进行连接。对应交叉支撑结构Ⅰ的四个端点，连接在对应的固定轨道结构上，可以根据伸展弹力在轨道上移动位置：在交叉支撑结构Ⅰ展开过程中，连接各箱体Ⅱ间的风琴防护罩式结构会相应进行自然的伸展变化，此时箱体Ⅱ容积就慢慢变到最大。

当在旅行过程中，使用者所要放置较多物品时，就打开伸缩箱包各部分箱体Ⅱ侧面位置的合页搭扣2，将整个箱体Ⅱ完全展开。当使用者所要存放的物品逐渐变少时，对拉伸开的部分箱体Ⅱ施力进行收拢，对应箱体Ⅱ就会自然的收拢，通过合页搭扣2与搭扣槽3互相扣住固定，此时箱体Ⅱ容积变小。最后当使用者清空箱包中的物品，要将箱包收纳于住所柜子里，就完全收拢各部分箱体Ⅱ，使箱体Ⅱ完全收起来，容积可缩小至仅为最大时的三分之一，节省空间。

通过上述阐述，本领域的技术人员已能实施。

此外，需要说明的是，本说明书中所描述的具体实施例，其零、部件的形状、所取名称等可以不同，本说明书中所描述的以上内容仅仅是对本实用新型结构所作的举例说明。凡依据本实用新型专利构思所述的构造、特征及原理所做的等效变化或者简单变化，均包括于本实用新型专利的保护范围内。本实用新型所属技术领域的技术人员可以对所描述的具体实施例做各种各样的修改或补充或采用类似的方式替代，只要不偏离本实用新型的结构或者超越本权利要求书所定义的范围，均应属于本实用新型的保护范围。

说明书摘要：

本实用新型涉及一种可伸缩旅行箱结构，它属于旅行箱包领域。本实用新型包括箱体、万向轮、拉杆、可伸缩连接结构、合页搭扣和交叉支撑结构，箱体的底部设置有万向轮，拉杆设置在箱体的上部，箱体包括左箱体、中箱体和右箱体，该左箱体、中箱体和右箱体之间通过可伸缩连接结构，箱体的侧面设置有合页搭扣，交叉支撑结构活动设置在箱体的侧面。本实用新型结构合理，安全可靠，取用灵活，可伸缩的结构使得在旅行中更加便携，且收缩后放置于室内节省空间。

证书号第7590146号

实用新型专利证书

实用新型名称：一种可伸缩旅行箱结构

发　明　人：李杨青;吕强

专　利　号：ZL 2017 2 1680542.3

专利申请日：2017年12月06日

专 利 权 人：杭州职业技术学院

地　　　址：310018 浙江省杭州市江干区下沙高教园区学源街68号

授权公告日：2018年07月13日　　　　授权公告号：CN 207604606 U

本实用新型经过本局依照中华人民共和国专利法进行初步审查，决定授予专利权，颁发本证书并在专利登记簿上予以登记。专利权自授权公告之日起生效。

本专利的专利权期限为十年，自申请日起算。专利权人应当依照专利法及其实施细则规定缴纳年费。本专利的年费应当在每年12月06日前缴纳。未按照规定缴纳年费的，专利权自应当缴纳年费期满之日起终止。

专利证书记载专利权登记时的法律状况。专利权的转移、质押、无效、终止、恢复和专利权人的姓名或名称、国籍、地址变更等事项记载在专利登记簿上。

局长
申长雨

第1页(共1页)

参考文献

[1]黄旗明,潘云鹤.产品设计中技术创新的思维过程模型研究[J].工程设计,2000(02):1-4.

[2](美)唐纳德·A.诺曼(DonaldA.Norman).设计心理学[M].北京:中信出版社,2003

[3]李乐山.工业设计思想基础[M].北京:中国建筑工业出版社,2001

[4]王受之.世界现代设计史[M].广州:新世纪出版社,1995

[5]刘小路,韦鑫珠,谢学婷."互联网+地域文化"双重视角下的竹产品创新设计研究[J].艺术生活-福州大学学报(艺术版),2019(02):32-36.

[6]吴昕昕.以用户为中心的移动医疗产品创新设计[J].艺海,2020(05):80-81

[7]吴晓庆,俞挺.产品创新设计课程开发实施与探讨[J].内燃机与配件,2020(11):293-294

[8]张宗登.基于现代生活方式的竹产品创新设计思考[J].包装工程,2017,38(02):96-100

[9]薛青.众筹平台应用于工业设计教育的可行性分析[J].工业设计,2018(01):106-107

[10]张昆.论走向市场的工业设计教育[J].新乡教育学院学报,2007,20(01):89-91

[11]姜霖.关于当前我国工业设计教育现状与策略的思考[J].教育现代化,2017,4(16):106-107

[12]裴学胜.从创新层次谈工业设计教育定位[J].当代教育实践与教学研究,2017(03):251

[13]易晓蜜,郑伯森.概念时代产品设计故事感研究[J].包装工程,2013,34(20):50-53

[14]李文嘉.可持续发展视域下的中国工业设计教育思考[J].艺术教育,2014(06):209-210

[15]李永锋,朱丽萍.后工业社会背景下的工业设计教育改革探索[J].艺术教育,2014(10):222

[16]张晓晨,姚小玉.工业设计方法的多维分析及其可视化[J].包装工程,2020,41(04):34-42
[17]刘婷婷,龚敏琪.可持续设计方法的多维分析及其可视化[J].包装工程,2020,41(04):55-69
[18]周小兵.工业化时代产品设计的科学化[J].自然辩证法研究,2017,33(10):45-49
[19]周灵云.美国KneelingBus人性化设计解析[J].创意设计源,2017(01):58-61
[20]翁春萌,梁家年,曾力.基于设计产业链导向的工业设计教学实践模式探讨[J].湖北第二师范学院学报,2016,33(11):100-103
[21]许可,沈佐博.基于可拓思维的用户体验设计方法创新初探[J].艺术科技,2016,29(01):253-254
[22]李晓彤.创造更合理的生活方式——宜家设计思维的解读[J].艺术科技,2015,28(12):176-177
[23]杨先艺,王文萌.节约型社会背景下传统造物设计思想的价值再现与发展[J].艺术百家,2015,31(02):159-164
[24]王金广,许可.基于可拓学的工业设计方法创新研究[J].机电工程技术,2014,43(12):23-27
[25]赵可恒.论制造业产业升级语境下工业设计角色定位[J].包装工程,2014,35(08):130-133
[26]张磊,葛为民,李玲玲,钟蜀津.工业设计定义、范畴、方法及发展趋势综述[J].机械设计,2013,30(08):97-101
[27]董卫民.基于就业导向的高职院校工业设计专业建设初探[J].美术教育研究,2011(12):124
[28]李磊.工业设计专业“工作坊”教学实践研究[J].美术教育研究,2011(11):128-129
[29]柳冠中.设计:人类未来不被毁灭的“第三种智慧”[J].设计艺术研究,2011,1(01):1-5
[30]邓春蓉.Madeinchina过时了吗?——兼及中国制造与中国设计之内在关系[J].大舞台,2010(07):242-243
[31]黄卫星.全球化视野中的产品设计走向[J].美术学报,2010(02):63-67
[32]刘国豪.基于产品创新的制造型企业设计文化建设模式探析[J].学术

交流,2010(03):105
[33]张晓刚.论设计创意产业对我国经济转型的驱动作用[J].产业与科技论坛,2009,8(12):54
[34]陈新义,刘文金,郝晓峰,孙德林,杨元.传统柜类家具柜门结构设计与生产实践[J].林产工业,2016,43(08):50-52
[35]董宏敢,邵卓平.浅析柜类家具设计中的力学因素[J].林业机械与木工设备,2006(07):31
[36]孙彬青,马晓军,范晓雪.柜类家具的包装设计[J].西北林学院学报,2013,28(03):202-205
[37]林皎皎,李吉庆.人体工程学在柜类家具设计中的应用[J].闽江学院学报,2004(05):120-123
[38]徐硕,陶毓博,李鹏.模块化在柜类家具设计中的应用研究[J].林业机械与木工设备,2011,39(11):37-39
[39]韦兰心,万辉,李庆悦.室内叠合空间中的多功能家具设计研究[J].家具与室内装饰,2019(11):24-25
[40]傅佳瑶,关洪丹.《素竹·简雅——竹材家具设计》[J].辽东学院学报(社会科学版),2019,21(06):2
[41]白德懋.探索居住环境中人的行为轨迹[J].建筑学报.1988(01):33-39
[42]郑晓芳.让单身生活更惬意的居家产品[J].商学院,2017(11):10-11
[43]黄骁.旅行箱设计[J].机械设计,2013,30(03):113
[44]李涛,唐昌松.多功能旅行箱的设计[J].机械工程师,2012(06):198-199
[45]古芸旭,祝莹,张风波.论无意识设计中的人性关怀[J].合肥工业大学学报(社会科学版),2018,32(02):95-99
[46]孙辛欣,李世国,靳文奎.基于用户无意识行为的交互设计研究[J].包装工程,2011,32(20):69-72
[47]刘洁.基于下意识行为的产品愉悦体验研究[D].上海:上海交通大学2010:101
[48]陈振益.解析与重构——类型学理论在明清家具改良设计教学中的探索[J].装饰,2016(04):92-94
[49]李想,娄红娜,贾样珍,马朝荟,贺鑫,楚杰.基于人体工程学食堂餐桌椅的改良设计[J].陕西林业科技,2019,47(06):71-74

[50]边文竞.饮食文化影响下的餐具设计[D].长春:吉林大学2008:84
[51]赵慧颖.论现代餐具设计[J].艺术探索,2009,23(02):118-120
[52]张凯.矩形陶瓷餐具设计[J].陶瓷研究,2018,33(03):66-68
[53]谢涛.《竹元素》餐具设计[J].上海纺织科技,2019,47(05):100
[54]倪晴,林靖朋.基于绿色理念的儿童秸秆餐具应用[J].家庭科技,2020(04):20-21
[55]崔杰,张寒凝.日式餐具设计中的符号互动论研究[J].设计,2016(03):126-127
[56]覃京燕,陶晋,房巍.体验经济下的交互式体验设计[J].包装工程,2007(10):201-202
[57]张彩华.从消费行为的角度理解体验经济[J].消费经济,2005(03):86-89
[58]李妮.产品的趣味化设计方法研究[J].工程图学学报,2006(05):115-120
[59]骞冀东,郭伟,刘海霞,王兆乐,徐雅,郭春亮.快时代下可食用餐具的创新研究设计[J].食品安全导刊,2017(36):129-130
[60]姜如意."自然而然"生态设计理念介入下的食品包装设计研究[D].杭州:浙江农林大学2012(6):59
[61]王振华,李凤英.科学、宗教与道——从文化比较为中医正名[J].中华中医药杂志,2006(03):175-178
[62]祝世讷.从中西医比较看中医的文化特质[J].山东中医药大学学报,2006(04):267-269
[63]范圣玺.关于创造性设计思维方法的研究[J].同济大学学报(社会科学版),2008,19(06):48-54
[64]肖雪莉."以情为名"——产品设计研究与探析[J].美与时代(上),2015(04):118-119
[65]欧阳芬芳.老年人家庭医疗保健产品交互设计研究[J].机械设计,2013,30(06):115-118
[66]王淑娟,贾志丹,程桂茹.中国居家保健型医疗器械的发展[J].现代仪器,2011,17(05):34-36
[67]端文新,张豫杰.雪地运动产品系列造型设计[J].机械设计,2016,33(05):131

[68]李妠,许开强.工业产品外观设计符号的解读[J].科技创新导报,2014,11(24):219
[69]李树君,赵瑾.浅论大众审美与产品外观设计的相互关系[J].黑龙江科学,2013(11):218
[70]覃京燕,李丹碧林,李亦芒.医疗器械产品设计中的人文关怀要素初探[J].金属世界,2009(S1):153-157
[71]黄群,陈媛媛.老年家用医疗产品外观设计初探[J].科技创业月刊,2007(05):186-187
[72]郭劲锋,袁哲.儿童家具材质的感性工学分析与研究[J].家具与室内装饰,2015(11):100-103
[73]于东玖,张浩.基于使用性的儿童家具可持续设计研究[J].包装工程,2016,37(14):109-112
[74]朱俊峰,于东玖,麦嘉雯.成长语境下的童车可持续设计研究[J].家具与室内装饰,2019(01):26-27
[75]郑晶晶,季晓芬.消费者对服装陈列的视觉感知[J].纺织学报,2016,37(03):160-165
[76]杨阳.基于女子中间体模型的外套用松量人台系列研究[D].上海:东华大学2016:130
[77]孙虎鸣.设计构思与手绘表现——产品设计表现技法课程断想[J].美术教育研究,2017(01):114-115